실내식물

Indoor Plants

부민문화사

www.bumin33.co.kr

차
례

일러두기

1. 이 책에서 다룬 실내 식물은 총 90속 200종 및 품종으로, 속명의 알파벳 순으로 배열하였다. 학명은 이명법에 따랐으나 명명자는 생략하였고, 최근 육성된 원예 품종의 경우에는 종명이 없는 것이 있어 품종명만을 적었다.

2. 이 책에서는 관상부위에 따라 주로 잎을 관상하는 식물에는 아이비 잎을, 꽃을 관상하는 식물에는 임파치엔스의 꽃을 일반명 앞에 표시하였다.

3. 실내식물(Indoor plants)이란 주로 열대나 아열대 원산의 관엽식물(Foliage plants)을 중심으로, 일부 꽃보기식물 중 비교적 실내의 음지에서도 꽃이 잘 피거나 내음성이 있어 실내에서 기르는 식물로 정의하였다.

4. 우리나라와 같이 겨울철이 비교적 추운 온대지방에서는 실외의 정원에서 식물을 기를 수 있는 기간이 대략 4월 중순에서 9월까지로 한정된다. 따라서 나머지 반년은 실외에서 원예생활을 즐길 수 없기 때문에 실내원예가 발달하게 되었는데, 실내원예에는 크게 화분에서 식물을 기르는 것과 자른 꽃을 이용한 실내장식이 있다. 이 책에서는 실내장식용 자른 꽃은 제외하였다.

5. 여기서의 분화식물은 크게 잎보기식물(관엽식물)과 꽃보기식물로 나누어진다. 일반적으로 식물이 꽃을 피우기 위해서는 충분한 빛을 필요로 하기 때문에 실내라고 하는 비교적 어두운 환경에서 정상적으로 꽃을 피울 수 있는 식물은 그다지 많지 않다. 따라서 실내식물이라 하면 주로 관엽식물을 지칭한다고 할 수 있다. 그러나 안스리움이나 군자란, 아프리칸바이올렛과 같은 일부 식물들은 오히려 실내의 밝은 곳에 두고 기르는 것이 실외에서 기르는 것보다 좀더 아름다운 꽃을 볼 수 있다.

6. 이 책에서 사용한 식물의 학명과 과명은 「Hortus Ⅲ」(Liberty Hyde Bailey Hortorium, Macmillan Publishing Company)와 「園藝植物」및 「觀葉植物」(山と溪谷社), 「원예학용어집」(한국원예학회)을 따랐다. 일반명은 「표준국어대사전」(국립국어연구원)과 「원예학용어집」(한국원예학회)에 따랐다. 농수산물유통공사 양재동 화훼공판장 및 일반 화원에서 불리고 있는 식물명은 「별명」란에 기록하였으나, 잘못된 출처에서 유래하였거나 다른 식물명을 잘못 사용하는 경우, 한 식물명이 여러 식물을 지칭하는 경우가 있다는 점을 밝혀둔다.

7. 이 책에 선정된 식물은 빛이 절대적으로 부족한 실내에서 꾸준히 기를 수 있는 식물로서, 주변에서 많이 이용하고 있는 식물 위주로 선정하였다. 한편 일반 도감 체제와는 달리 원종보다는 주변에서 많이 기르고 있거나, 최근 화원에서 많이 판매되고 있는 품종을 주요 식물로 정하여 설명하였다. 가령 원종의 쉐플레라(Scheffiera arboricola)는 우리 주변에서 거의 자취를 감추었기 때문에, 그 식물을 바탕으로 'Hong Kong' 품종을 설명하는 것은 의미가 없다고 생각한다.

아디안텀

은행나무 잎과 같은 연녹색의 부드러운 잎이 한들한들거리는

학 명: *Adiantum raddianum*
과 명: 고란초과(Polypodiaceae)
영 명: Delta maidenhair fern
별 명: 아지안텀
원산지: 브라질
속명의 뜻: 그리스어 adiantos
(unwetted), 엽상체가 물에 젖지 않으
므로

작은 연녹색 잎의 질감이 부드러워서 전체적으로 귀여운 인상을 주고 오래 길러도 크게 자라지 않으므로 작은 화분이나 실내 장식에서 이용한다. 하지만 건조한 실내에서는 잎이 쉽게 말라버려서 보기 흉하게 되므로 기르기가 비교적 쉽지 않은 식물이다. 부드러운 질감을 주는 고사리류로서, 비교적 빛이 적어도 잘 자라므로 테라리엄이나 공중걸이 분 등 실내 장식의 소품으로 많이 이용된다.

모양

높이는 30~80cm 정도로 줄기는 없고 뿌리에서 잎이 올라오는데 가늘고 우아한 엽상체(잎과 유사한 고사리류의 잎을 지칭)와 철사 줄 같은 검은 잎자루, 작은 부채모양의 소엽으로 되어 있다. 소엽은 잎 끝부분에 불규칙한 톱니가 있으며 연한 녹색이다.

가꾸기

직사광선을 피하고 습도를 높게 유지해 준다. 유기질 성분이 많은 토양에 심어 물이 충분하도록 한다. 건조와 찬바람에 주의한다. 심하게 마르면 잎이 가장자리부터 말리면서 시들어 보기 흉하게 된다. 분무기 등으로 잎을 자주 적셔주고 너무 강한 바람을 맞지 않게 하는 것이 좋다. 포자나 포기나누기로 번식시킨다.

에크메아

분홍색의 아름다운 포엽을 오랫동안 볼 수 있는 파인애플 친구

학　명: *Aechmea fasciata*
과　명: 파인애플과(Bromeliaceae)
영　명: Urn plant, silver vase
별　명: 화트시아
원산지: 지중해
속명의 뜻: 그리스어 aichme(a point),
꽃받침잎이 뾰족해서

　잎이 모여 있는 중앙에서 꽃대가 올라와 분홍색의 아름다운 포엽(꽃을 둘러싸고 있는 잎)이 생기고 그 사이사이로 자주색 빛의 꽃이 피는데, 보통 꽃은 피어도 오래가지 않지만 분홍색의 포엽은 오래가므로 이것을 즐기기 위해서 화분에 심어 기른다. 다른 파인애플과 식물처럼 착생식물이므로 나무 등걸에 붙여서 기를 수도 있다. 잎 가장자리에 가시가 있으므로 상처를 입지 않도록 다룰 때 주의한다.

모양

　잎은 짙은 녹색이지만 보통 하얀 가루가 가로로 띠를 이루고 있어 얼룩무늬처럼 보인다. 길이는 40~60cm, 폭은 5~7cm 정도로 가죽처럼 두껍고 거칠며 잎 가장자리에는 가시가 있다. 잎이 모여 있는 중앙에 물을 담을 수 있다. 잎이 모여 있는 중앙에서 피는 꽃은 가시가 있으며, 분홍색의 포엽과 자주색 빛의 꽃잎이 있다.

가꾸기

　수태나 바크와 같이 공기의 흐름이 좋은 토양에서 기른다. 밤기온이 16℃ 이상인 실내에서 기른다. 가끔씩 액체비료 몇 방울을 잎이 모여 있는 한가운데 또는 토양에 직접 준다. 주로 포기나누기로 번식하며 대량 번식에는 조직배양이 이용된다.

아글라오네마

불규칙하게 회녹색 반점이 들어가 잎이 아름다운 대표적인 음지식물

학 명: *Aglaonema* x 'Silver King'
과 명: 천남성과(Araceae)
영 명: Silver evergreen
원산지: 필리핀 군도
속명의 뜻: 그리스어 aglaos(bright),
nema(a thread), 수술의 모양

햇빛이 적어도 잘 견디고 기르기에 크게 어려움이 없어 분화용 관엽식물로 인기가 높다. 추위에 약하여 겨울철 집에서 기를 때 얼어 죽는 경우가 종종 있으므로 온도 관리에 주의해야 한다. 아글라오네마가 속한 천남성과 식물은 물을 무척 좋아하여 뿌리를 물에 담군 채 길러도 뿌리가 썩지 않으므로 적당한 유리 용기에 색구슬이나 구리철사 등으로 장식하여 물가꾸기로 기를 수도 있다.

모양

줄기는 직립성으로 높이 30~40cm이고, 잎의 길이는 15~20cm, 폭은 5~6cm로 짙은 녹색 바탕에 회녹색의 불규칙한 무늬가 있다. 뿌리에서 새로운 줄기가 나와서 여러 포기를 만든다.

가꾸기

광도가 높은 곳에서는 잎이 위를 향해 자라고 심하면 타는 경우도 있으므로 적절한 반음지에서 기른다. 밤에도 18℃ 이상을 유지해야 한다. 물은 충분히 주고 공중습도도 최대한 높여주는 것이 좋다. 다른 품종에 비해 내음성도 좋고 내한성도 비교적 강한 편이다. 충해는 거의 문제 되지 않지만 잎이나 줄기가 썩는 병이 가끔 발생한다. 따뜻한 계절에 뿌리줄기의 나누기나 꺾꽂이로 번식한다.

✳ *A.* x 'Silver Queen'

색감은 'Silver King' 품종과 유사하지만 잎이 조금 더 가늘다.

▶ *A.* x 'Parrot Jungle'

줄기는 직립성으로 50~60cm이고, 잎의
길이는 20~25cm, 폭은 6~8cm로
'Silver King' 품종에 비하여 대형이다.

▼ 아글라오네마와 드라세나, 필레야를 이용한 실내장식

알로카시아

화살촉 모양의 큰 잎과 잎맥의 무늬가 특이한 질감을 주는

학　명: *Alocasia* x *amazonica*
과　명: 천남성과(Araceae)
영　명: Elephant's-ear plant
원산지: 열대 아시아
속명의 뜻: 그리스어 a(without, not),
Colocasia(근연종)

　주로 화원에서 늦봄부터 여름에 걸쳐 판매하는 중·소형 관엽식물로, 특이한 잎의 모양과 질감을 즐기기 위해 이용하나, 추위에 약해서 집에서 겨울을 넘기고 계속 즐기기는 쉽지 않다.

모 양

　짧은 뿌리줄기에서 잎이 4~6매 정도 나온다. 잎의 길이가 25~40cm, 폭은 10~20cm 정도로 잎자루가 무척 길다. 잎의 표면은 짙은 녹색이고 잎맥을 따라 흰색의 무늬가 있으며, 잎 가장자리는 파도 무늬처럼 완만한 굴곡이 있다.

가꾸기

　20℃ 이상에서 길러야 정상적인 아름다운 잎을 유지할 수 있다. 15℃ 정도가 되면 물주기를 줄이는 것이 좋다. 추위에만 민감할 뿐 그다지 심각한 병충해 문제는 없다.
　주로 뿌리에서 올라오는 새로운 포기를 나누어서 번식한다.

 안스리움

풀라스틱으로 만든 조화처럼 보이는 특이한 모양의 꽃

학　명: *Anthurium andraeanum*
과　명: 천남성과(Araceae)
영　명: Flamingo lily
원산지: 열대 아메리카 원산 식물의 교잡 품종
속명의 뜻: 그리스어 anthos(a flower),
oura(a tail), 꼬리같은 꽃

화원에 있는 안스리움을 보면 흔히 조화인지 의심되어 손으로 만져보게 된다. 최근 다양한 색과 모양의 포엽을 가진 품종들이 나오고 있어 실내 화분식물이나 자른 꽃으로 이용하고 있다.

모양 줄기는 짧고, 잎은 길이 30~40cm로 긴 잎자루에 달린다. 붉은 빛의 하트 모양인 큰 포엽을 가진 육수화서가 달려서 오랫동안 감상할 수 있다. 습할 때에는 줄기의 마디에서 기근이 발생하기 쉽다.

가꾸기 습도가 매우 중요한 환경요소이다. 다른 착생식물과 같이 바크나 수태와 같은 통기성이 좋은 토양을 항상 축축하게 유지해 준다. 건조할 때는 분무기로 잎에 물을 자주 뿌려 공중습도를 높여주는 것이 좋다. 공중습도가 높고 온도 환경이 적당하면 연중 꽃이 핀다. 그렇지만 화분이 너무 습한 것은 싫어한다. 물은 여름철에는 매일, 그밖의 계절에는 2~3일에 한 번 준다. 건조할 때 진딧물이 많이 발생하고, 깍지벌레와 잎의 반점과 썩음병이 나타나기도 한다. 화분에 있는 여러 줄기를 기근과 함께 포기나누기하거나 줄기꽂이로 번식한다.

유사종

◀ *A. scherzerianum* (Pigtail anthurium)
잎은 넓은 화살촉 모양으로 길이 20~30cm 정도이다. 포엽(불염포)은 진홍색이고 원래의 꽃인 육수화서가 약간 휘어진 것이 돼지 꼬리와 유사하여 영명이 유래되었다.

아펠란드라

반짝이는 짙은 녹색 잎에 페인트칠한 듯한 하얀 잎맥

학 명: *Aphelandra squarrosa*
과 명: 쥐꼬리망초과(Acanthaceae)
영 명: Zebra plant, saffron spike
원산지: 브라질
속명의 뜻: 그리스어 apheles(simple),
aner(male), 꽃밥이 하나

　잎의 질감이 조화처럼 특이하고 노란색 포엽이 아름다운 실내 식물이다. 환경의 변화나 스트레스에 민감하여 잎이나 꽃이 떨어지므로 가정에서는 기르기가 쉽지 않은데, 특히 건조와 추위에 약하므로 주의한다.

모 양

　암녹색의 달걀 모양 잎에 흰 잎맥이 특징이며, 가을철 줄기의 정단부에 화려한 노란색의 포엽을 가진 화서가 개화하여 6주 동안이나 유지된다. 진짜 꽃은 그 노란 포엽 사이에 노란색으로 피지만 오래가지 못한다.

가꾸기

　곁가지를 만들어 컴팩트한 모양을 만들기 위해서 봄에 줄기를 잘라준다. 뿌리가 건조하지 않게 하며 화분전체에 뿌리를 내려야 꽃이 잘 핀다. 가정에서 키울 때 낮은 공중습도가 가장 큰 문제이다. 생육기간 동안 한 달에 한 번 정도 비료를 준다. 염류축적이나 적절하지 못한 물주기, 어두운 곳에 두었을 때 아랫잎이 떨어진다.

　응애, 깍지벌레, 진딧물 등이 잎과 줄기에 달라붙고 잎에 갈색이나 흑색의 곰팡이성 잎 반점이 둥글게 나타난다. 상처가 나면 곰팡이가 침입해 반점이 생길 수 있으므로 주의한다. 봄철에 줄기꽂이로 번식한다.

아라우카리아

흔치 않은 실내기르기용 침엽수로 위에서 보면 마치 눈 입자같다.

학　명: *Araucaria heterophylla*
과　명: 아라우카리아과
　　　　(Araucariaceae)
영　명: Norfolk Island pine
원산지: 남아메리카, 남태평양
속명의 뜻: 원산지에 Araucani
　　　　　인디언들이 거주

자생지에서는 60m 이상 자라는 거대한 나무이지만 피라미드형의 어린 나무는 실내와 같은 음지에서도 잘 자라 화분용으로 이용하고 있다. 화분으로 이용하더라도 1m 이상 되므로 어느 정도 공간이 있는 사무실이나 가정의 모퉁이 혹은 실내 조경에서 이용하여 멋진 피라미드형의 수형을 감상한다.

모 양

원줄기에서 일정한 간격을 두며 균일하게 좌우대칭의 가지들이 자라 크리스마스 트리로 인기가 좋다. 종명인 '*heterophylla*'는 '많은 잎'이라는 뜻이다. 적절히 기르면 매년 아름답게 2~3m 이상까지 자란다.

가꾸기

보통 적절한 관리없이도 잘 자라지만 너무 음지에서는 모양이 나빠진다. 2~3달에 한 번 시비하고 충분한 광조건을 만들어 준다. 겨울에는 물주는 양을 줄이며 3~5년마다 분갈이 해 준다. 건조할 경우 침엽이 떨어지거나 갈변한다. 종자 또는 직립하는 줄기의 꺾꽂이로 번식한다.

유사종

▶ *A. araucana*
열대나 아열대 지방에서 조경수로 널리 이용된다.

백량금

붉은 색구슬같은 열매가 오랫동안 달려있는

학　명: *Ardisia crenata*
과　명: 자금우과(Myrsinaceae)
영　명: Coralberry, spiceberry
원산지: 한국, 일본에서 인도 북부까지
별　명: 만량금
속명의 뜻: 그리스어 ardis(a point),
　　　　　　　뾰족한 꽃밥에서 유래

　자금우, 산호수와 함께 3개월 이상 달려있는 붉은 열매와 반짝이는 상록성 잎이 아름다워 실내에서 기르는 열매보기 자생식물 삼총사이다. 자금우나 산호수와는 달리 뿌리에서 줄기가 올라오지 않고 가지가 잘 생기지 않으므로 모양이 다소 엉성해진다.

모 양

　자생지에서는 1.5m까지 자라는 상록성 나무이지만 실내에서는 50cm 정도로 무척 느리게 자라므로 주로 작은 화분에 심어서 기른다. 반짝이는 가죽질의 아름다운 잎은 피침형으로 가장자리에 특이한 둥근 거치가 있다.

가꾸기

　비교적 기르기 쉽지만 꽃이 피고 아름다운 열매를 위해서는 밝은 빛이 필요하다. 밤기온은 14℃ 이상에서 잘 자라지만 0℃ 전후에서도 월동할 수 있다. 왕성한 생육기에는 충분히 비료를 주어 꽃을 잘 피게 한다. 건조할 때 깍지벌레나 진딧물이 줄기와 잎의 뒷면에 종종 생긴다. 종자 또는 줄기꽂이로 번식한다.

종자가 발아한 모습

◀ 자금우(*A. japonica*)

　남부지방에 자생하는 작은 나무로 붉은색의 열매가 아름다워 백량금과 함께 실내식물로 기르고 있다. 잎에 작은 거치가 있다.

◀ 산호수(*A. pusilla*)

　잎가장자리에 거친 거치가 있다. 뿌리에서 새로운 줄기가 잘 나와 많은 포기를 이루므로 화분에서 기르기보다는 실내조경용이나 접시정원에 적당하다.

산호수의 무늬종

아스파라거스

카네이션과 너무나 잘 어울리는 먼지같이 작은 잎

학　명: *Asparagus setaceus* 'Nanus'
　　　　(=*A. plumosus* 'Nanus')
과　명: 백합과(Liliaceae)
영　명: Asparagus fern, Lace fern
원산지: 남아프리카 원산 식물의
　　　　왜성 품종
속명의 뜻: 식물의 옛날 이름

　부드러운 질감으로 인해 다른 식물과 혼합하여 꽃꽂이에서 널리 이용되고 있는데, 줄기가 아치 모양으로 휘므로 공중걸이 분으로도 이용하고 있다. 화분에 심었을 때는 줄기가 덩굴로 자라므로 지주를 세워 단정한 모습으로 가꾼다.

모양

　잎같이 보이는 것은 사실 줄기(엽상경)로서, 가지를 치면서 수 미터까지 자라는 덩굴성이다. 잎은 주로 그 기부에 붙어 있거나 가시로 변태되었다. 봄에 연녹색의 작은 꽃이 개화하여 가을에 붉은 열매가 맺히지만 실내에서는 거의 피지 않는다.

가꾸기

　빛이 잘 드는 창가에 두고 기른다. 물은 토양이 어느 정도 건조해졌을 때 주는 것이 좋다. 오래된 엽상경을 잘라주면 뿌리에서 새로 나온다. 토양은 다소 점토질 성분이 있는 것이 좋고, 왕성히 자랄 때는 한두 달에 한 번 비료를 준다.
　낮은 습도, 빛의 부족, 부적절한 물주기 등으로 인해 잎이 노랗게 되거나 심하면 떨어지는 경우가 있다. 병충해는 그다지 심각하지 않다. 봄철에 포기나누기나 습윤한 종자를 파종하여 번식한다.

유사종

▶ *A. densiflorus* 'Sprengerii'
　스프링게리, 꽃장식에서 자른 잎으로 많이 이용하고 있는 품종이다.

엽 란

시원스런 짙은 녹색의 잎이 억세고 튼튼한

학　명: *Aspidistra elatior*
과　명: 백합과(Liliaceae)
영　명: Cast-iron plant,
　　　　barroom plant, parlor palm
원산지: 중국, 일본
속명의 뜻: 그리스어 aspideon
(a small, roud shield), 주두의 모양

　영명에서 알 수 있듯이 매우 튼튼한 실내식물로 쉽게 기를 수 있다. 일부 품종의 경우에는 자른 잎을 꽃꽂이나 실내 장식에서 많이 이용하고 있다.

모양

　종명인 *elatior*는 키가 크다는 의미(80~90cm까지 성장함)이다. 뿌리줄기에서 올라온 잎은 30~50cm로 가죽질이고 광택이 있다. 뿌리줄기는 토양 속에 있으나 간혹 토양표면으로 올라온 경우도 있다. 작은 꽃이 지표면 근처에 피므로 잎에 가려져 관찰하기 힘들다.

가꾸기

　유기물과 피트모스나 펄라이트와 같은 입자를 섞은 양토의 토양에서 잘 자란다. 봄부터 가을까지 매달 비료를 준다. 병충해나 환경적인 장해에 의한 피해가 거의 없다. 뿌리줄기의 포기나누기로 번식한다.

유사종 ✱ *A. elatior* 'Variegata'　잎의 세로로 흰색의 띠가 있다.
▼ *A. elatior* 'Punctata'　전체적으로 잎의
　크기가 작고 잎에 흰 반점이 있다.

▼ *A. elatior* 'Asahi'
　잎의 정단부에 흰색 무늬가 있다.
　자른 잎으로 많이 이용한다.

아스플레니움

긴 연녹색의 잎이 새둥지처럼 모여나 있는 고사리

학 명: *Asplenium nidus* 'Avis'
       (=*Neotopteris nidus* 'Avis')
과 명: 고란초과(Polypodiaceae)
영 명: Bird's nest fern
원산지: 열대 아시아, 폴리네시아
        원산 식물의 원예 품종
별 명: 아비스
속명의 뜻: 그리스어 a(not),
splen(spleen), 약용 성분으로 추측

　　연한 녹색의 광택있는 잎이 만들어내는 부드러운 곡선이 아름답다. 특히, 음지에 매우 강한 고사리류이므로 습도만 유지된다면 실내 관엽식물로 적당하다.

모 양

　　나무나 바위 등에 붙어서 자라는 늘푸른 여러해살이 고사리류로서 뿌리줄기는 덩이를 이루고 동그랗게 7~8장의 잎을 낸다. 잎은 연한 녹색으로 두꺼우며 길이 30~50cm 정도로 원종보다 폭이 넓고 작다. 자라면서 잎의 뒷면에 암갈색의 포자가 가로로 줄지어 있는 포자엽이 발달하기도 한다.

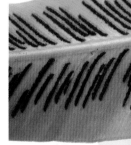

포자엽

가꾸기

　　음지에서 기르기에 적당한 식물로서 습도가 충분한 곳에서 기르는 것이 좋다. 2~3년에 한 번씩 화분에 뿌리가 꽉 찼을 때 분갈이한다. 잎이 새로 올라올 때에 액체비료를 준다. 빛이 많고 건조한 곳에서는 깍지벌레가 발생한다. 포기나누기 또는 포자로 번식한다.

유사종

▶ *A. nidus*
　　본 품종의 원종으로 잎이 가늘고 훨씬 길다.

금식나무

노란색 반점이 특징적인 광택있는 짙은 녹색의 잎을 가진 나무

학　명: Aucuba japonica 'Variegata'
과　명: 층층나무과(Cornaceae)
영　명: Gold dust tree, Gold-dust plant
원산지: 우리나라 남부, 중국,
　　　　일본 원산의 무늬 품종
별　명: 무늬식나무, 청목(青木)
속명의 뜻: 일본명 '아오끼'+'바(잎)'

　자생지에서는 3m까지 자라는 늘푸른 작은 나무로서 남부지방에서는 정원에 심고 있으나 중부지방에서는 주로 화분에 심어 관엽식물로 이용하고 있다. 자른 잎을 꽃장식에서 많이 이용하고 있다.

모 양

　잎은 마주나고 가장자리에 부드러운 굵은 톱니가 있으며, 잎 전체에 노란색 반점이 있다. 암수딴그루로 3~4월에 가지 끝에서 꽃이 피어 가을에 붉은 열매가 겨울철 내내 달리지만 화분으로 기를 때에는 꽃이 피지 않는다.

가꾸기

　충분한 광이 있는 곳에서 길러야 아름다운 노란색 반점을 볼 수 있다. 추위에는 매우 강하다. 잎이나 줄기가 자라는 봄철에는 물을 충분히 주고 겨울철에는 화분이 충분히 말랐을 때 준다. 건조할 때 깍지벌레가 많이 발생한다. 줄기꽂이로 번식한다.

▼ 남부지방의 정원에서 자라는 모습

관엽베고니아

주맥을 따라 모양이 비대칭적인 화려한 무늬의 잎

학　명: *Begonia rex*
과　명: 베고니아과(Begoniaceae)
영　명: Rex begonia
별　명: 렉스베고니아
원산지: 남아메리카 원산 식물의
　　　　교잡종
속명의 뜻: 프랑스령 캐나다의 총독
　　　　　Begon에서 유래

비대칭적인 잎에 품종에 따라 여러 화려한 무늬가 있는 아름다운 관엽식물로, 빛이 적은 곳에서 비교적 잘 자란다.

모양

보통 뿌리줄기에서 잎자루가 올라와 비대칭의 다즙질 잎이 달리는데, 품종에 따라 매우 다양한 모양과 색을 띤다.

가꾸기

화려한 무늬종은 비교적 강한 빛이 필요하다. 생장이 시작되는 봄에 분갈이하고 비료를 준다. 곰팡이의 피해를 막으려면 토양이 건조해 진 후에 물을 준다. 잎이나 잎자루가 다즙질이어서 연약하므로 취급시 주의가 필요하다.

빛이 너무 적은 곳에서는 잎자루가 길어져 엉성한 모양으로 자라게 된다. 잎에 검은 반점이나 뿌리 썩음병이 간혹 발생한다. 보통 잎꽂이나 줄기꽂이로 번식한다.

유사종

▶ *B. semperflorens*

꽃베고니아, 화려한 꽃이 피는 초화류로 여름철 화단에서 많이 이용하고 있다.

◀ *B. masoniana*

비대칭 심장형인 잎의 중앙에 방사상으로 뻗은 검은 십자형 반점이 있는 품종이다.

▶ *B.* x *hiemalis*

엘라티올 베고니아, 화려한 꽃이 피어 분화식물로 많이 이용되고 있다.

칼라디움

화살촉 모양의 얇은 잎에 다양한 색이 들어가 있는

학　명: *Caladium* spp.
과　명: 천남성과(Araceae)
영　명: Fancy-leaved caladium
원산지: 열매 아메리카 자생
　　　　 식물의 교잡 품종
속명의 뜻: 원산지명 kaladi에서 유래

　화려한 잎색을 가진 화살촉 모양의 잎이 아름다운 관엽식물로, 추위에 약하므로 주로 여름철 화분에 심어 밝은 실내에서 기른다.

모 양

　덩이줄기의 지하부에서 긴 잎자루가 나와 길이 20~40cm 정도인 화살촉 모양의 큰 잎이 달린다. 품종에 따라서 다양한 색이 있다.

가꾸기

　추위에 매우 약하므로 겨울철에는 온도관리에 유의한다. 화려한 잎색을 유지하기 위해서는 적절한 빛이 필요하다. 특별히 심각한 병충해는 없다. 주로 덩이줄기를 나누어 번식한다.

유사종

▼ *C.* 'Candidum'

▼ *C.* 'White Queen'

칼라데아

잎에 소시지 모양의 짙은 반점이 있는

학 명: *Calathea makoyana*
과 명: 마란타과(Marantaceae)
영 명: Calathea, Peacock plant,
　　　 cathedral-windows,
　　　 brain plant
원산지: 브라질
별 명: 마코야나
속명의 뜻: 그리스어 kalathos
　　　　　 (a basket), 꽃이 바구니
　　　　　 처럼 뭉쳐나는 것에서
　　　　　 유래

　아름다운 무늬의 둥근 잎이 아담하게 자라므로 실내에서 작은 화분으로 이용하는 관엽식물이다. 크로카타 품종은 예외로서, 주로 노란색 포엽을 감상하기 위해서 기른다. 칼라데아류는 보통 잎의 뒷면이 자주빛을 띠는 특징이 있다.

모양

　덩이줄기에서 긴 잎자루가 나와 달리는 길이 10~20cm의 달걀모양 잎은 앞면의 가운데는 연한 녹색이고 뒷면은 자주색 빛이 돈다. 주맥을 축으로 양쪽에 소시지가 달려 있는 듯한 모양의 짙은 녹색 또는 암갈색 반점이 있다.

가꾸기

　고온다습한 환경을 좋아하므로 여름철에는 분무기 등으로 습도를 높게 유지하고 월 2~3회 정도 액체비료를 준다. 추위에 약하므로 18℃ 이상에서 기르는 것이 좋고, 겨울철에는 4~5일에 한 번 햇빛이 좋은 오전에 물을 준다.
　물빠짐이 좋지 않은 토양에서는 잎에 검은 반점이 생긴다. 주로 포기나누기로 번식한다.

▶ *C. crocata*

잎의 앞면은 짙은 녹색이고 뒷면은 자주색이다. 꽃대가 올라와서 화려한 노란색 포엽을 오랫동안 감상할 수 있는 품종이다.

▼ *C. lancifolia*

칼날과 같이 날렵한 잎의 앞면은 녹색 바탕에 짙은 녹색의 반점이 있고 뒷면은 자주색이다.

▼ *C. ornata* 'Roseolineata'

잎의 앞면에 주맥을 중심으로 빗살무늬가 있는데 보통 흰색이거나 빛이 밝을 때는 분홍색을 띤다.

▼ *C. roseopicta*

잎은 광타원형으로 주맥을 중심으로 잎 모양처럼 흰 무늬가 있는 품종이다.

▼ *C. zebrina*

다른 품종에 비하여 대형이고 잎 뒷면이 연한 녹색이다. 잎의 앞면에 주맥을 중심으로 하여 가로로 얼룩말과 같은 무늬가 양쪽에 있어 아름답다.

 # 동백나무

겨울철 선홍색의 꽃이 피는 우리 나무

학 명: *Camellia japonica*
과 명: 차나무과(Theaceae)
영 명: Common camellia
원산지: 한국, 일본, 중국
속명의 뜻: 필리핀의 식물을 연구한
약학자 Kamel에서 유래

우리나라의 남부지방에 자생하는 늘푸른 큰
나무로 최대 7m까지 자란다. 중부지방에서는
보통 화분으로 기르면서 겨울철에 피는 선홍색
꽃과 광택있는 잎을 즐긴다. 다양한 색의 겹꽃
원예종이 많이 있다.

겹꽃 품종

모 양

잎은 길이 5~12cm로 어긋나고 가장자리에 잔 톱니가 있으며 광택이 있는 짙
은 녹색이다. 겨울철에 피는 꽃은 선홍색으로 가운데에 노란색의 수많은 수술이
있다. 꽃이 질 때는 수술과 꽃잎 전체가 떨어진다.

가꾸기

실내에서 기르기 쉬운 나무이지만 너무 어두운 곳에서는 꽃봉오리가 제대로
달리지 않으므로 빛을 충분히 받을 수 있는 곳에 두고 기른다. 보통 꽃봉오리가
많이 달린 화분을 구입하여 적절하게 물과 비료를 주지 않으면 꽃이 제대로 피지
않는다. 추위에는 매우 강하여 영하 10℃까지 견딜 수 있지만 화분으로 실내에
서 기를 때에는 0℃ 이상을 유지한다.

심하게 건조할 때는 진딧물과 깍지벌레가 생긴다. 특히 꽃이 지고 새로운 잎이 나오는 봄철에 건조하면 진딧물 피해가 심하므로 주의한다. 초여름 줄기꽂이로 번식한다.

유사종

▶ 애기동백(*C. sasanqua*; 산다화)
동백나무보다 나무의 크기나 잎이 작은 일본 원산의 나무로서 꽃잎이 하나하나 떨어지는 특징이 있다.

동백과 애기동백의 비교

남부지방에서는 애기동백을 잘 다듬어 정원에서 기른다.

남부지방의 해안가에 자생하는 동백의 꽃이 핀 모습

공작야자

가위로 대충 자른 듯한 잎이 이국적인 야자류

학　명 : *Caryota mitis*
과　명 : 야자과(Palmae)
영　명 : Burmese fishtail palm,
　　　　clustered fishtail palm
원산지 : 동남아시아
속명의 뜻 : 그리스어 karyota
　　　　　(a date-shaped nut),
　　　　　열매의 모양

　1m 이상의 큰 잎을 가지고 있어서 비교적 큰 실내 정원에서 이국적인 분위기
를 연출하거나 식물원에서 볼 수 있는 야자류이다.

모양

　흔히 뿌리에서 줄기가 나와 많은 포기를 형성한다. 잎은 1m 이상으로 부드럽
게 휘어져 다수의 소엽이 양쪽에 달린다. 소엽은 좌우비대칭이고 끝에 불규칙한
톱니가 있다. 성숙하면 녹자색의 꽃이 정단부에 피고 이후 죽게 된다.

가꾸기

　빛이 많고 온도와 습도가 높은 곳을 좋아한다. 빛이 적거나 건조한 곳에서는
잎 끝이 마른다. 생장기가 아닌 서늘한 시기에 토양이 너무 축축하면 뿌리가 손
상될 수 있으므로 물 주는 양이나 횟수를 줄인다. 포기나누기나 종자로 번식한
다.

러브체인

하트 모양의 두툼한 잎을 철사로 엮은 듯한 덩굴

학　명: *Ceropegia woodii*
과　명: 박주가리과(Asclepiadaceae)
영　명: Rosary vine, string of hearts,
　　　　heart vine
원산지: 남아프리카
속명의 뜻: 그리스어 keros(wax),
pege(a fountain), 왁스질의 꽃모양

　대표적인 소형 공중걸이 화분용 덩굴식물로, 앙증맞은 심장형의 잎이 주렁주렁 달린다. 비교적 건조에 강한 다육식물이므로 햇빛이 잘 드는 창가에 두고 기른다.

모양

　다육질인 2cm 정도의 하트 모양 잎이 얇은 줄기에 마주난다. 잎의 윗면은 짙은 녹색에 흰색의 얼룩이 있고, 아랫면은 자주색 빛을 띤다. 덩이줄기에서 나온 줄기는 약 90cm까지 자란다. 햇빛이 좋은 곳에서 기르면 연한 자주색 꽃이 피고 털이 달린 종자를 맺는다.

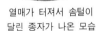

열매가 터져서 솜털이
달린 종자가 나온 모습

가꾸기

　다육식물이므로 비교적 건조하게 기른다. 특히 가을과 겨울철 온도가 낮을 때에는 주의한다. 토양은 배수가 잘 되는 부식토가 좋다. 봄부터 초여름까지 한 달에 한두 번 약하게 액체 비료를 준다. 심각한 병해충의 피해는 없다. 줄기꽂이나 덩이줄기의 나누기, 종자로 번식할 수 있다.

종자가 발아한 모습

▼ *C. woodii* 'Lady Heart'

잎의 가장자리가 핑크빛인 품종이다.

러브체인의 일반종과 무늬종

▼ 러브체인과 스킨답서스, 싱고니움으로 장식한 실내 조경 작품

테이블야자

테이블 위의 난쟁이 야자수

학 명: *Chamaedorea elegans*
과 명: 야자과(Palmae)
영 명: Parlor palm
원산지: 멕시코, 과테말라
속명의 뜻: 그리스어 chamai(on the ground), dorea(a gift),
낮은 곳에 열매가 달리는

최대 1.8m까지 자라는 소형 야자로, 최근에는 주로 종자 발아하여 1년 이내의 어린 묘를 소형 화분에 기르거나 테라리엄, 접시정원 등에서 이용한다. 비교적 기르기가 까다롭지 않아 초보자가 기르기에 적합한 관엽식물이며, 물가꾸기도 가능하다.

모양

기르기가 편리하여 소형 화분으로 널리 이용되는 대표적인 소형 야자류로 잎은 11~20개의 소엽으로 구성된 우상복엽이다.

가꾸기

배수가 잘 되는 사질토양에 기르며 생장기 동안에는 매달 비료를 준다. 비교적 어두운 곳에서도 잘 자라지만, 컴팩트한 모양을 유지하기 위해서는 충분한 간접광이 요구된다. 여러 식물을 심어 군식미를 이용하기도 한다. 때때로 미지근한 물로 잎을 씻어 주어 해충을 제거하거나 청결을 유지하는 것이 좋다. 건조할 때 간혹 응애가 발생한다. 종자로 번식한다.

▶ 테이블야자로 장식된
   실내 소품

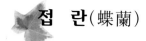
접 란(蝶蘭)

가을철 줄기 끝에 달리는 새로운 포기가 마치 나비와 같은

학 명: *Chlorophytum comosum* 'Vittatum'
과 명: 백합과(Liliaceae)
영 명: Spider plant, spider ivy
원산지: 남아프리카
별 명: 클로로피텀
속명의 뜻: 그리스어 chloros(green), phyton(a plant), 푸른 잎을 가진

잎의 부드러운 곡선이 아름다울 뿐만 아니라 기르기도 쉬워서 실내식물로 널리 이용되고 있다. 흔히 난이라고 생각하지만 백합과의 식물이다. 물가꾸기로도 아주 잘 자란다.

모 양

뿌리에서 올라온 잎은 선형의 아치 모양으로 늘어지고 안쪽에 흰색 무늬가 있다. 자라면서 뿌리에 는 **굵은 알뿌리**가 생긴다. 낮이 짧아지면서 어미 포기로부터 나오는 새로운 포기의 늘어진 모습이 특히 아름답다.

가꾸기

시든 잎을 자르는 일 외에는 별다른 관리가 요구되지 않는다. 50% 정도의 유기질 토양에서 성장이 왕성하다. 2~3달에 한 번 정도 비료를 준다. 10℃ 정도에서 별다른 피해없이 겨울을 난다. 0~10℃에서는 잎이 시들고 뿌리만 살아남았다가 이듬해 봄에 잎이 다시 올라온다.

광이 부족하면 개화나 번식이 잘 되지 않는다. 습도가 낮으면 잎 끝이 마른다. 잎 뒷면에 깍지벌레나 진딧물, 온실가루이 성충(white fly)이 가끔 발생한다.

뿌리에서 올라온 포기를 나누거나, 기는 줄기 끝에 달리는 새로운 포기를 떼내어 번식한다.

▶ *C. comosum* 'Picturatum'
  잎 안쪽에 노란 줄무늬가 있고
비타툼 품종보다 잎이 좀 더 넓다.

✳ *C. comosum* 'Variegatum' 잎 가장자리에 하얀 줄무늬가 있는 품종이다.

▼ *C. bichetii*
  잎의 가장자리에 노란 줄무늬가
있는 왜성종이다.

▼ 접란을 이용한 실내장식
(기는 줄기 끝에 달린 새로운 포기가
마치 나비가 날아가는 듯 하다)

아레카야자

미풍에도 연한 잎이 일렁이는 야자

학　명: *Chrysalidocarpus lutescens*
과　명: 야자과(Palmae)
영　명: Areca palm, yellow palm
별　명: 황야자
원산지: 마다가스카르
속명의 뜻: 그리스어 chrysallis(a chrysalis;번데기), carpos(a fruit), 번데기같은 모양의 열매

　실내에서 기르고 있는 대표적인 야자류로 다른 종류에 비하여 잎이 매우 부드러워 아름다운 곡선을 만들어 낸다. 흔히 켄챠야자와 혼동하기 쉬운데 아레카야자는 잎이 가늘고 부드러우며 뿌리에서 여러 포기가 나온다는 특징이 있다.

모양　자생지에서는 9m까지 자라지만 실내에서는 약 4.5~6m까지 자랄 수 있고, 보통 화분에서 기르면 2m 이상 자라지 못한다. 줄기들이 토양 표면에서 지속적으로 올라오면서 유년기 상태를 유지한다. 잎은 우상복엽이고 줄기는 자라면서 노란 빛을 띤다. 어린 모종은 접시정원 등에서 이용할 수 있다.

가꾸기　너무 비료를 과다하게 주면 잎이 누렇게 된다. 습한 토양에서 잘 자란다. 극단적인 건조나 과습을 피하도록 일정한 간격으로 물을 준다. 다른 야자류에 비하여 저온과 병충해에 약해 최근에는 인기가 적다. 건조한 환경에서 진딧물이나 온실가루이, 깍지벌레 등이 발생하기 쉽다. 포기나누기나 종자로 번식한다.

▼ 아레카야자로 장식된 공항과 호텔

시서스

친구인 포도 덩굴처럼 쑥쑥 잘 자라는 덩굴

학 명: *Cissus rhombifolia*
　　　　'Ellen Danica'
과 명: 포도과(Vitaceae)
영 명: Grape ivy, Venezuela treebine
원산지: 남미 북부, 서인도제도
속명의 뜻: 그리스어 kissos(ivy)
아이비와 같은 덩굴성 식물

　공중걸이에 알맞은 덩굴성 식물로 강건하고 음지에서도 잘 자라 이용범위가 넓은 실내식물이다.

모 양

　광택이 있는 진한 녹색의 잎은 세 개로 나누어져 있으며 (삼출엽), 잎 가장자리에는 큰 결각이 있다. 새로 나온 줄기와 오래된 잎의 밑부분은 갈색 털로 덮여있다. 포도처럼 덩굴손이 있어서 다른 물체에 매달리는 특성이 있다.

가꾸기

　생장이 활발할 때는 한 달에 한 번 정도 비료를 준다. 토양은 부식토가 적당하고, 물은 토양 표면이 약간 말랐을 때 준다. 줄기의 마디와 마디사이가 길어서 모양이 엉성해지기 쉬우므로, 전체적인 모양을 바로잡기 위해 자주 순지르기하는 것이 좋다. 응애의 피해를 입을 경우 잎에 반점이 생긴다. 줄기꽂이 또는 물꽂이로 번식한다.

유사종

▶ *C. antarctica*(Kangaroo vine)
　잎은 난형으로 밝은 녹색이고 가장자리에 엉성한 톱니가 있다.

군자란

근엄한 이름과는 달리 주황색의 꽃이 큼직한 잎 사이에서 피어 귀여운

학　명 : *Clivia miniata*
과　명 : 수선화과(Amaryllidaceae)
영　명 : Kaffir lily
원산지 : 남아프리카
속명의 뜻 : 인명 Clive에서 유래

　군자란은 이름 때문에 흔히 난과식물이라고 생각하기 쉽지만 수선화과에 속하는 종류이다. 동양권에서는 보통 다른 지역에서 도입된 식물 중 외떡잎식물의 일부를 "~ 란"이라고 이름 붙이기 때문에 이런 혼란이 생긴다. 마찬가지로 영어권에서는 "~ lily"라고 일반명을 짓는 경우가 많다.
　어느 정도 자라서 조건만 맞으면 주황색의 꽃이 하나의 꽃대에 여러 개 달려 둥글게 피므로 실내 꽃보기 식물로 널리 기르고 있다.

모 양

　잎의 길이는 50cm 이상, 폭은 5~8cm로 줄기없이 뿌리에서 곧장 나와 좌우로 뻗는다. 잎 사이에서 꽃대가 나와 10개 이상의 주황색 꽃이 우산살 모양으로 핀다.

가꾸기

　겨울철에 10℃ 이상의 실내에서 기르다가, 보통 서리가 내리는 시기가 끝나면 비를 직접 맞지 않는 반음지에 두고 기르는 것이 좋다. 토양 표면이 충분히 마른 후에 잎 사이에 들어가지 않도록 토양에만 물을 준다.
　겨울철에는 다소 건조하게 기른다. 비료는 한창 자라는 5월에서 10월까지 한 달에 한 번 잎이 나오지 않는 쪽에 준다. 포기나누기 또는 종자로 번식한다.

크로톤

녹색 바탕의 맥을 따라 잎색이 노란색, 붉은색으로 얼룩덜룩

학　명: *Codiaeum variegatum*
　　　　var.pictum
과　명: 대극과(Euphorbiaceae)
영　명: Croton
원산지: 남부 인도, 실론,
　　　　말레이반도
속명의 뜻: 원산지에서의 이름

　녹색 바탕의 잎맥과 그 사이의 색이 선명하게 구별되어 매력적인 관엽식물이다. 빛이 충분한 곳에서 길러야 제 색을 낼 수 있으므로 일반 가정에서 기르기에는 쉽지 않은 식물이다.

모 양

　원산지에서는 약 1.8m까지 자라지만, 실내의 화분에서는 60~120cm까지 자란다. 광택이 있는 가죽질의 잎은 색과 모양이 매우 다양하고 가장자리는 밋밋하다. 꽃은 총상화서로 피는데 작아서 관상가치는 없다.

가꾸기

　배수가 잘 되는 혼합토가 적당하다. 높은 광도와 온도, 습도를 요구한다. 모양새를 유지하기 위해 종종 가지치기한다. 봄철에서 여름철의 생장기에는 2~3개월에 한 번씩 비료를 준다. 1~2년에 한 번씩 봄철에 분갈이한다.

　차가운 바람과 빛의 부족으로 인해 밑의 잎이 떨어지기 쉽다. 건조할 때 줄기나 잎자루에 깍지벌레가 생긴다. 줄기꽂이나 공중떼기로 번식한다.

▼ *C. variegatum* var.*pictum* 'Interruptum'

잎은 선형이고 늘어진 잎 끝에 다시 작은 잎 몸이 붙어 있다.

▼ *C. variegatum* var.*pictum* 'Gold Star'

잎은 선형이고 녹색의 바탕에 노란색 반점이 퍼져 있다.

커피나무

향기 있는 흰 꽃과 함께 붉은 얼매, 광택있는 잎이 아름다운

학 명: *Coffea arabica*
과 명: 꼭두서니과(Rubiaceae)
영 명: Coffee
원산지: 열대 아시아 및 아프리카
속명의 뜻: 아랍어 kahwah에서 유래

우리가 흔히 마시는 커피의 원료가 되는 씨앗을 맺는 나무이다. 실내에서 광택있는 빽빽한 잎을 관상하기 위해 중·대형 화분으로 기른다.

모양

원산지에서는 5m까지 자라는 늘푸른 나무이다. 짙은 녹색의 타원형 잎은 길이 10~15cm로 광택이 있고 줄기에 마주난다. 잎겨드랑에서 피는 흰색의 꽃은 향기가 있고 열매는 붉은색이다.

커피나무의 붉은 열매

가꾸기

잎에서 수분 증발이 심하므로 습도를 높여주고, 물도 자주 주어야 한다. 습도가 낮거나 사람의 손에 닿으면 잎이 변색되기 쉽다. 밝은 간접광선에서 길러야 치밀한 수형을 이루어 아름답게 가꿀 수 있다. 매년 분갈이를 통하여 뿌리의 생장을 원활하게 해야 한다.

밝은 빛이 있는 건조한 곳에서는 깍지벌레가 심하게 생기므로 주의가 필요하다. 직립한 가지의 줄기꽂이나 열매의 성숙 즉시 종자를 심어 번식한다.

콜레우스

화려한 색의 잎을 자랑하는

학 명 : *Coleus* spp.
    (*Plectranthus scutellarioides*)
과 명 : 꿀풀과(Labiatae)
영 명 : Coleus
원산지 : 아프리카와 인도네시아
    원산 식물의 교배종
속명의 뜻 : 그리스어 koleos(a sheath),
    수술이 통처럼 모여난 모습

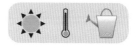

　　여름철 빛이 충분한 실내에서 기르면서 화려한 잎색을 감상할 수 있다. 줄기꽂이로 쉽게 번식시킬 수 있으므로 여름철 녹색의 단조로운 실내를 화려하게 연출할 수 있다. 보통 여름철 화단에서 이용하지만 겨울철에도 18℃ 이상이면 실내에서 겨울을 보낼 수 있다.

모양　　줄기는 다육질로, 사각형의 모양을 가진 꿀풀과의 특징을 나타낸다. 잎은 계란형으로 가장자리에는 둥근 톱니가 있고 품종에 따라 매우 다양한 색이 섞여 있다.

가꾸기　　광이 부족하거나 온도가 낮을 때 모양이 헝클어지는 경향이 있다. 실내에서 아름다운 색의 잎을 보기 위해서는 간접광이 충분히 있는 곳이 좋다. 줄기가 너무 길게 뻗지 않도록 순지르기하여 모양을 유지한다. 겨울철에는 18℃ 이하로 떨어지지 않도록 주의한다. 화이트플라이가 발생하기 쉽다.
　　습한 곳을 좋아하지만 겨울철 낮은 온도에서 너무 과습할 때는 줄기가 썩기도 한다. 가능하면 잎에 닿지 않도록 물을 준다. 따뜻한 여름철에 줄기꽂이로 쉽게 번식할 수 있고 종자번식도 가능하다.

코르딜리네

쭉 뻗은 줄기 윗부분에 긴 잎이 시원스럽게 펼쳐져 있는

학　명: *Cordyline terminalis*
과　명: 용설란과(Agavaceae)
영　명: Good-luck plant, Hawaiian ti
원산지: 인도, 동남아시아
속명의 뜻: 그리스어 kordyle(a club),
다육질의 뿌리가 곤봉 모양

다양한 잎색을 가진 화려한 품종들이 실내 화분식물로 이용되고 있다. 하와이에서는 지붕이나 훌라 치마를 만드는 데 이 식물의 잎을 이용한다. 잎색이 화려한 품종은 꽃장식에서 자른 가지로 이용하기도 한다.

모양

잎은 장타원형으로 길이 최대 90cm, 폭은 약 10cm 정도이다. 잎은 대체로 줄기의 맨 윗부분에 모여 달리므로 갈색의 줄기가 노출되어 있다. 실내에서 약 180cm까지 성장한다. 노랗거나 붉은 작은 꽃이 잎 사이에서 원추화서로 피고 열매는 붉은색이다. 보통 같은 과인 유카나 드라세나와 혼동하기 쉽지만, 이 식물은 잎자루가 뚜렷하게 있다는 특징이 있다.

가꾸기

다습한 조건에서 생장이 왕성하며, 특히 생장이 활발한 시기에는 많은 수분을 요구한다. 겨울철 생장이 더딘 시기에는 물을 적게 준다. 비료는 2~3달에 한 번씩 준다. 광이 충분할 경우에는 물가꾸기도 가능하다. 밑의 잎이 많이 떨어져서 너무 길게 자라면 줄기를 잘라 꺾꽂이하여 모양을 유지한다.

번식에는 다양한 방법이 이용된다. 줄기를 잎과 함께 잘라 꺾꽂이하거나 줄기만을 토막내어 꺾꽂이하여 새로운 뿌리와 눈을 내는 방법, 줄기 중앙에 상처를 내고 공중떼기를 하는 방법 등이 있다.

▼ *C. terminalis* 'Aichiaka'

잎은 녹색이고 가장자리가 붉은색이다. 특히 새로 나오는 잎은 전체가 붉은색에 가까운 품종이다.

▼ *C. terminalis* 'White Edge'

잎 가장자리에 흰색 무늬가 있으며, 특히 새로 나오는 잎은 전체에 흰색이 퍼져 있다. 꽃장식에서 자른 가지로 많이 이용되는 품종이다.

▼ *C. terminalis* 'Maroon'

잎이 다소 작고 광택이 있는 짙은 암갈색이다.

▼ *C. terminalis* 'Red Edge'

소형종으로 잎이 다소 작고 가장자리에 붉은색 줄무늬가 있다.

크라슐라

분재처럼 나무 모양을 한 두툼한 잎의 다육식물

학　명 : *Crassula argentea*
　　　　　(C. portulacea)
과　명 : 돌나물과(Crassulaceae)
영　명 : Jade plant, jade tree
별　명 : 염자
원산지 : 남아프리카
속명의 뜻 : 라틴어 crassus(thick),
　　　　　　　두툼한 잎

　실내에서 이용하는 대표적인 다육식물로 비교적 건조에 강하고 햇빛이 충분한 곳에서 기르면 아담한 나무 수형의 분재처럼 감상할 수 있다. 작은 모종으로 접시정원 등에서 나무 수형을 표현하는 데 이용하기도 한다.

모양

　대표적인 실내식물로 60cm 정도의 크기에서 큰 나무와 같은 수형을 이룬다. 계란형의 잎은 다육질로 햇빛이 충분할 때는 끝에 붉은 빛이 돈다.

가꾸기

　낮은 광 조건 하에서도 생육이 가능하지만 밝은 간접광이나 직사광선에서 줄기가 튼튼해지고 잘 자란다. 물주기가 중요하여 봄철이나 여름철의 생장기에는 정상적으로 물을 주지만, 겨울철에는 한 달에 한 두번 정도 따뜻한 날에 준다. 비료는 새로운 잎이 올라오기 시작하는 봄철에 준다.

　겨울철에는 최소한 10℃를 유지한다. 온실가루이가 잎의 기부에 발생하기 때문에 조기 방제가 필요하다. 줄기를 잘라 하루 정도 말렸다가 줄기꽂이하면 쉽게 번식시킬 수 있다.

골드크레스트

노란 빛을 띤 연한 녹색의 바늘 잎이 있는 침엽수

학　명 : *Cupressus macrocarpa*
　　　　 ‘Gold Crest’
과　명 : 측백나무과(Cupressaceae)
영　명 : Monterey cypress tree
별　명 : 율마
원산지 : 북아메리카 원산종의 품종
속명의 뜻 : 라틴명

　주로 어린 모종 상태의 식물을 화분에 심어 밝은 실내에 두고 기른다. 어릴 때의 바늘 잎을 살짝 건드리면 은은한 레몬향이 난다.

모 양

　직립한 가지에서 수많은 가지들이 나오는데, 어린 가지에서는 가시 잎이지만 점차 성숙함에 따라 노란 빛이 없어지고 녹색의 비늘잎이 생긴다.

Juvenile　　　　　　　　　　　*Adult*

바늘잎　　　　　　　　　　　비늘잎

가꾸기

　빛이 적은 곳에서는 아름다운 노란빛이 없어지고 푸른 잎이 되며 수형도 엉성하게 되므로 충분한 빛이 있는 곳에서 기른다. 추위에도 강한 편으로 겨울철 0℃ 이상을 유지해 준다. 건조에는 비교적 강하므로 다른 관엽식물보다는 물을 적게 주지만 한창 자랄 때에는 2~3일에 한 번 주는 것이 좋다. 바늘 잎이 있는 어린 가지로 줄기꽂이하여 번식한다.

소 철

짙은 녹색의 작은 잎들이 촘촘히 붙어 부드럽게 늘어진 잎

학 명: *Cycas revoluta*
과 명: 소철과(Cycadaceae)
영 명: Sago palm, conehead,
　　　 funeral palm
원산지: 중국 및 일본 남부
속명의 뜻: 잎모양이 비슷한
　　　　　　 야자류의 그리스명

　야자와 비슷하게 보이지만 침엽수와 같은 겉씨식물에 속한다. 식물체가 매우 강건하여 별다른 관리없이도 잘 자라고 추위에도 강해서 오랫동안 재배되어 왔다. 남부 해안가나 제주도에서는 정원에 심지만 그 외의 지방에서는 실내 화분 식물로 이용한다.

모양

　우상복엽으로 광택있는 소엽은 밑으로 말려 있다. 자생지나 정원에서 기르면 최대 3m까지 자라고 1.5m 정도의 잎을 가진다. 추위에 강한 편이어서 최저 영하 5℃까지 견딘다. 생육이 매우 느려서 1년에 한 두개의 새 잎이 나온다.

가꾸기

갈변된 잎을 제외하고는 따로 가지치기할 필요가 없다. 봄과 여름 사이 생장이 왕성할 때 3~6개월에 한 번 비료를 준다. 유기질이 많은 축축한 양토가 좋지만 토양이 너무 과습하지 않도록 주의한다.

물주기할 때는 새로운 잎이 나오는 가운데 부분이 젖지 않도록 한다. 건조할 때 잎의 뒷면에 깍지벌레가 발생한다. 포기나누기 또는 종자로 번식한다.

남부지방의 정원에서 기르는 모습

 # 시클라멘

흰 레이스를 두른 하트모양의 잎과 그 가운데에서 올라오는 붉은 꽃

학　명: *Cyclamen persicum*
과　명: 앵초과(Primulaceae)
영　명: Florist's cyclamen
원산지: 지중해 동부
속명의 뜻: 그리스명

　최근 칼랑코에와 함께 늦가을에서 봄 철까지의 대표적인 화분식물로 자리를 잡아가고 있다. 더운 여름철만 주의를 하면 꽃이 계속 피면서 3개월 이상 오랫동안 실내에서 아름다운 붉은 꽃을 볼 수 있다. 지중해 연안 원산의 덩이줄기를 가진 구근식물로 여름에는 시원하고 겨울에는 비교적 따뜻한 기후를 좋아한다.

모 양

　잎은 심장형으로 가장자리가 거친 톱니모양이고 표면에는 회녹색에 은백색의 무늬가 있다. 덩이줄기가 발달해 있으며 그 밑에서는 뿌리가, 위로는 잎이 나오고, 잎 사이에서 꽃대가 올라온다.

가꾸기

　꽃을 피우기 위해서는 여름철을 제외하고 충분히 햇빛이 닿는 곳에 두고 기른다. 토양이 건조해지면 충분히 화분에서 물이 흘러나올 때까지 물을 주며 식물체에는 닿지 않게 한다. 최근에는 토양 속에 심지를 넣어 화분 밑에 붙어 있는 저수통을 통해 물이 올라가도록 만든 화분에 심어 판매하는 경우가 있는데, 이때에는 저수통에 물을 주기만 하면 된다. 비료는 월 2~3회 물에 액체비료를 섞어서 준다. 여름철을 제외한 4~10월에는 햇빛이 충분한 밖에 두고 기른다. 더위에 약하므로 여름철에는 시원한 바람이 부는 서늘한 반음지에 두고 기른다. 시든 꽃은 꽃대 밑에서 돌리면서 따주어 청결을 유지한다.

　시클라멘은 병충해가 비교적 많은 편으로 통풍이 충분하지 않은 곳에서는 잿빛곰팡이병이 생기고, 너무 건조하면 진딧물이나 응애가 발생하므로 주의한다. 주로 종자로 번식한다.

종려방동사니

긴 줄기 끝에 우산살 모양의 잎이 달리는 습생식물

학 명: *Cyperus alternifolius*
과 명: 사초과(Cyperaceae)
영 명: Umbrella plant, umbrella palm
별 명: 시페루스
원산지: 마다가스카르
속명의 뜻: 사초과 식물의 그리스명

여러해살이 습생식물로서, 주로 식물원이나 물이 있는 큰 실내정원에서 이용한다. 긴 줄기와 잎이 실내의 물요소와 어울려 시원한 분위기를 연출한다.

모양

약 1.2m까지 성장하지만 실내에서는 보통 60~90cm 정도로 자란다. 줄기와 잎은 짙은 녹색으로 광택이 나고 줄기의 단면은 3각형이다. 직립한 줄기 끝에 20장 정도의 긴 잎이 우산살 모양으로 돌려난다. 꽃은 줄기 끝에서 황갈색으로 잎 사이사이에 피는데 관상가치는 없다.

가꾸기

건조해서 지상부가 말라죽었을 때 충분한 물을 주면, 뿌리에서 새로운 줄기가 뻗어 나온다. 매년 분갈이하며 비료는 자주 공급하는 것이 좋다.

병이 발생할 경우 잎을 빨리 제거하여 썩는 것을 막는다. 주로 포기나누기로 번식한다.

디펜바키아

조화같이 흰 무늬가 있는 광택있는 잎을 가진 시원스런 줄기

학 명: *Dieffenbachia amoena*
　　　 'Tropic Snow'
과 명: 천남성과(Araceae)
영 명: Giant dumbcane,
　　　 charming dumbcane
별 명: 아모에나
원산지: 열대 아메리카
속명의 뜻: 인명 Dieffenbach에서
　　　　　 유래

　중형 화분에 심어 기르는 대표적인 관엽식물로, 병충해의 피해가 적고 관리도 비교적 용이하다. 겨울철 온도만 유지시켜 주면 실내에서 크고 시원스런 잎을 감상할 수 있는 품종이다. 식물체내에 칼슘옥살레이트 결정이 있어 잎을 씹으면 일시적으로 말을 하지 못할 정도의 통증을 일으키므로, 어린이가 있는 가정에서는 주의한다.

모양

　잎 앞면은 광택이 있는 짙은 녹색 바탕에 다양한 흰 얼룩무늬가 있고 길이는 약 45cm까지 자란다. 줄기 위 끝 부분에서 잎이 아래로 처지면서 아치형으로 형성되기 때문에 넓은 공간을 필요로 한다.

가꾸기

　빛이 적고 따뜻한 실내에서 잘 자란다. 추위에 매우 약하여 밤기온은 18℃ 이상을 유지하고 찬바람에 직접 노출되지 않도록 주의한다. 생육기에는 물을 충분히 주지만 그 외에는 토양이 마르면 물을 준다. 통풍이 되지 않는 곳에서 너무 습하면 잎에 반점이 생기거나 썩는 경우도 있다. 포기나누기 또는 줄기꽂이로 번식한다.

유사종

▶ *D.* x 'Camille'

　최근 널리 이용되고 있는 소형종으로 잎 중앙에 흰 무늬가 넓게 퍼져 있다.

▶ *D.* x 'Anna'

　잎가장자리는 짙은 녹색이고 연녹색의 잎 중앙에 불규칙한 녹색의 무늬가 있는 품종.

▼ *D.* x 'Marianne'

　마리안느, 'Camille' 품종보다 다소 큰 잎을 가진 품종으로, 꽃장식에서 자른 가지로 많이 이용하고 있다.

디지고데카

얇은 톱날같은 작은 잎이 손가락처럼 둘러나 있는 잎

학　명: *Dizygotheca elegantissima*
과　명: 두릅나무과(Araliaceae)
영　명: False aralia
별　명: 아랄리아
원산지: 뉴 칼레도니아, 폴리네시아
속명의 뜻: 꽃밥의 모양에서 유래

톱날같은 작은 잎들이 둥글게 모여난 독특한 질감의 실내식물로, 최근에는 왜성종을 작은 화분에 심어 이용하고 있다.

모 양

자생지에서는 7.5m까지 자라지만 실내에서는 주로 유년상의 식물을 분화식물로 이용한다. 5~9개의 작은 잎들이 손가락 모양으로 모여난 장상복엽으로, 유년상의 소엽에는 톱니모양의 거치가 있으나 성년상이 되면 부드러운 거치에 잎도 커진다.

가꾸기

가지치기를 하면 잎이 많이 발생하여 무성해진다. 낮은 습도나 토양 내의 과다한 염류, 수분 부족 및 외풍 등의 좋지 않은 환경에서는 밑에 있는 잎의 낙엽이 심하다. 생장이 활발한 시기에는 매달 비료를 준다.

깍지벌레나 진딧물이 주요 해충으로 잎의 기부와 소엽들이 나오는 곳에서 서식한다. 건조한 곳에 두면 밑의 잎이 심하게 떨어진다. 주로 줄기꽂이로 번식한다.

유사종 ▼ *D. elegantissima* 'Castor'

왜성종으로 작은 화분에 기르기에 적당하며, 잎 가장자리에 노란색 무늬가 있는 품종도 있다.

드라세나

노란 줄무늬가 있는 옥수수같은 임이 나무 토막에 붙어 있는

학　명 : *Dracaena fragrans*
　　　　　'Massangeana Compacta'
과　명 : 용설란과(Agavaceae)
영　명 : Corn plant
별　명 : 맛상게아나
원산지 : 북부 기니아 원산 식물의
　　　　　원예품종
속명의 뜻 : 그리스어
　　　　　　 drakaina(a dragon)에서

　드라세나 속은 다양한 크기와 무늬를 가진 품종이 있는
데, 식물 환경이 비교적 좋지 않는 곳에서도 잘 자라므로
관엽식물로 널리 이용되고 있다. 주변에서는 흔히 나무토
막을 잘라 순을 내서 뿌리없이 물에다 올려 놓고 기르는
경우도 있다. 물가꾸기로 실내를 장식할 수도 있다.

행운목

모양

　목질화된 줄기의 정단부에 있는 잎은 옥수수 잎처럼
선형으로 길며, 중앙에 세로로 노란색의 줄무늬가 있어 아름답다. 드라세나 속
은 잎자루없이 줄기의 촘촘한 마디에 붙어 있는 것이 특징인데, 특히 이 품종은
원종에 비해 잎이 짧고 컴팩트한 느낌을 준다.

가꾸기

　덥고 습한 곳을 좋아하지만 건조에도 비교적 강한 편이다. 빛이 부족한 곳에
서는 노란색 줄무늬가 없어지고 잎이 넓어지므로, 아름다운 무늬 잎을 감상하기
위해서는 적당한 빛이 있는 곳에서 기른다. 과습할 경우 잎에 반점이 생기거나
부패병 등이 발생한다. 습도가 너무 낮으면 잎끝이 마르므로 분무기 등으로 물
을 적셔준다.
　꺾꽂이나 공중떼기로 번식하며, 잎이 없는 나무 줄기 부분만을 잘라 심어도
새로운 뿌리와 잎이 잘 나온다.

▶ *D. fragrans* 'Massangeana'

  'Massangeana Compacta'보다
마디와 잎이 길다.

◀ *D. fragrans* 'Victoria'

  'Massangeana Compacta'와는 반대로
잎 가운데는 녹색이고 잎 바깥 쪽으로
노란 줄무늬가 있는 왜성종이다.

▶ *D. concinna* (=*D. marginata*)

  마지나타, 드라세나 중에 인기있
는 소형종으로 보통 중·소형 화분
에서 기른다. 짙은 녹색의 잎은 매
우 얇고 날카로우며, 잎 가장자리
는 붉은색이다. 다른 품종에 비하
여 어두운 곳에서도 잘 자란다.

▼ *D. concinna* 'Tricolor'

원종과는 달리 잎 가장자리에 붉은색
과 노란색 띠가 있다.

▼ *D. concinna* 'Tricolor Rainbow'

잎 전체에 붉은색과 노란색 띠가 퍼져
있어 녹색 부분이 거의 없는 품종이다.

◀ *D. deremensis* 'Roehrs Gold'

잎 가장자리에 노란색 굵은 띠무늬가
있고 그 안쪽으로 얇고 흰 띠무늬가 있는
품종이다. 최근에는 꽃장식이나 화환에
서 자른 가지로 많이 이용하고 있다.

▼ *D. deremensis* 'Warneckii'

와네키, 잎의 바깥쪽에 흰 줄무늬가
있다.

▼ *D. deremensis* 'Virens Compacta'

원종과는 달리 줄기의 마디가 짧고 잎
도 짧아 전체적으로 컴팩트한 느낌을 주
는 품종이다.

▶ *D. reflexa* 'Song of India'

송오브인디아, 줄기는 가늘고 마디가
비교적 길며 밑의 잎이 오랫동안 남아 있
는 특징이 있다. 잎 가운데는 녹색이나
바깥쪽으로 노란색의 줄무늬가 있다.

▼ *D. sanderiana*

산데리아나, 잎은 녹색으로 길이가 약
20cm 정도이다. 잎 주의에 넓은 흰색
의 무늬가 있는 것이 특징이다. 뿌리없이
물에 꽂아 이용하거나 꽃장식에서 자른
가지로 이용하고 있다. 잎의 기부가 줄기
를 완전히 감싸고 있는 것이 다른 드라세
나 종류와는 구별된다.

▼ *D. sanderiana* 'Virens'

개운죽, 원종과는 달리 잎 전체가 녹
색인 품종으로 뿌리없는 가지를 물에
꽂아 물가꾸기로 널리 이용되고 있다.

◀ *D. surculosa* 'Florida Beauty'

줄기는 매우 얇고 가늘며, 잎은
타원형으로 녹색 바탕에 흰 점이
들어가 있어 다른 드라세나류와 뚜
렷이 구별된다.

▼ 드라세나와 싱고니움을 이용한 실내 장식

듀란타

부드러운 노란 빛이 도는 연녹색의 잎

학 명: *Duranta reptans* 'Lime'
과 명: 마편초과(Verbenaceae)
영 명: Golden-dewdrop,
　　　Pigeon berry, Skyflower,
　　　Brazilian skyflower
원산지: 플로리다에서 브라질

　최근에 도입되어 이용하고 있는 작은 나무로, 밑에서부터 가지가 잘 생기고 가지치기를 해도 새로운 눈이 잘 나와서 아담한 모양으로 가꿀 수 있다.

모양

　늘푸른 작은 나무로 길이 3cm 정도의 잎은 연두색에 노란빛이 돌며, 잎 윗부분의 가장자리에는 굵은 거치가 있다.

가꾸기

　빛이 적으면 잎에 노란색이 없어지고 녹색으로 변하면서 관상가치가 떨어지게 되므로 적당한 빛이 있는 곳에 두고 기른다. 온도가 낮으면 잎이 떨어져서 볼품이 없어지므로 겨울철에도 15℃ 이상을 유지해 준다.
　건조할 때 깍지벌레 발생에 유의한다. 주로 꺾꽂이로 번식한다.

유사종

◀ *D. reptans* 'Variegata'
잎 가운데에 녹색의 무늬가 있다.

스킨답서스

짙푸른 잎에 노란 무늬가 듬성듬성 있는 관엽식물의 대명사

학　명: *Epipremnum aureum*
과　명: 천남성과(Araceae)
영　명: Pothos, golden pothos
별　명: 신답서스, 포토스
원산지: 솔로몬섬
속명의　뜻: 그리스어 epi(upon), premnum(a tree stump), 나무에 붙어 자라나는

덩굴성 관엽식물로 생장력이 강하여 실내에서 공중걸이 분이나 지주를 세워 기르고 물가꾸기도 가능하다. 실내의 어두운 곳에서 키우면 잎의 무늬가 없어지므로, 무늬가 있는 아름다운 잎으로 키울 때에는 다소 밝은 곳에 두어야 한다.

모양

줄기는 부드러운 덩굴성이고, 잎은 심장형이며 노란 무늬가 불규칙하게 들어간 진한 녹색으로 윤기가 있다. 줄기가 자람에 따라 잎이 커지고, 성엽이 되면 몬스테라(*Monstera*)와 같이 갈라진다. 보통 유년상의 잎을 공중걸이 분에서 기른다.

가꾸기

직사광선이 닿지 않는 반음지가 좋다. 비교적 따뜻한 곳을 좋아하므로 겨울철에도 최소한 10℃ 이상을 유지해 준다. 물은 충분히 주는 것이 좋으며, 뿌리를 물에 넣고 길러도 썩지 않는다. 가끔씩 줄기를 순지르기하여 컴팩트하게 만들어 기른다. 1년에 2~3번 비료를 준다. 습도가 낮을 때에는 분무기로 잎을 적셔주는 것이 좋다.

건조하면 깍지벌레가 간혹 발생하기도 하지만 일반적으로 병충해에 관한 문제는 거의 없다. 온도가 높을 때 두마디 이상을 포함한 줄기꽂이로 번식시킨다.

유사종

▶ *E. aureum* 'Marble Queen'

잎에 흰색 반점이 많이 들어간 품종이다.

◀ *E. aureum* 'Lime'

잎의 전체가 연녹색의 노란 빛을 띠는 품종으로, 햇빛이 적은 곳에서 기르면 다시 녹색으로 변하므로, 밝은 실내에서 기른다. 추위에 약한 편이다.

▼ 열대지방에서 자라고 있는 스킨답서스

은사철나무

아담한 크기로 작은 화분에서 기를 수 있는 무늬잎나무

학　명: *Euonymus japonica* 'Albomarginata'
과　명: 노박덩굴과(Celastraceae)
영　명: Spindle tree
원산지: 한국, 일본 원산 자생종의 품종
속명의 뜻: 라틴명

　　중부지방의 추위에도 늘푸른 사철나무의 원예 품종으로 원종보다는 추위에 다소 약하다. 빛이 충분한 곳에 두고 기르면 짙은 녹색 잎에 가장자리의 은빛 무늬를 즐길 수 있다.

모양　　줄기는 밑에서부터 여러 개 나와 직립하고, 잎은 계란형 혹은 타원형으로 마주나며 가장자리에 둥근 거치가 있다. 꽃은 실내에서 거의 피지 않는다.

가꾸기　　빛이 약한 곳에 두면 새로 나오는 잎에는 가장자리의 흰색 무늬가 없어지므로 주의한다. 추위에는 비교적 강하여 겨울철 실내에서는 별다른 관리없이 월동할 수 있다. 건조할 때는 깍지벌레가 발생하기 쉬우므로 물을 충분히 준다. 줄기꽂이로 번식한다.

유사종

▼ *E. radicans* 'Aureo-marginata'
　　줄기는 다소 덩굴성이고 잎 바깥쪽에 넓은 노란 무늬가 있다. 보통 작은 화분에 심어 기른다.

▶ *E. radicans*
　　덩굴성인 줄사철나무이다. 추위에 강해서 중부지방의 정원에서 이용하고 있다.

▼ *E. japonica* 'Mediopicta'
　　잎은 짙은 녹색이고 잎 중앙에 짙은 노란 무늬가 불규칙하게 들어가 있는 품종으로, 주로 남부지방의 정원에서 기르고 있다.

포인세티아

겨울철 장식에 어울리는, 가위로 자른 듯 반듯한 붉은색 포엽

학　명 : *Euphorbia pulcherrima*
과　명 : 대극과(Euphorbiaceae)
영　명 : Poinsettia, Christmas star,
　　　　Christmas flower
원산지 : 열대 멕시코에서 중앙
　　　　아메리카
속명의 뜻 : 식물의 옛날 이름

　원산지나 열대 및 아열대 지방에서는 작은 나무로 자라지만 우리나라에서는 보통 목질화 되지 않은 꺾꽂이한 어린 모종을 순지르기하여 아담한 크기로 화분에서 기른다. 크리스마스 장식으로 널리 이용하는 식물이다.

　모양　줄기는 녹색으로 자라다가 목질화된다. 부드러운 잎은 어긋나고 가장자리는 거치가 없거나 크게 몇 개만이 있어서 가위로 자른 듯 반듯한 모양이다. 낮이 짧아짐에 따라 마디가 짧아지면서 줄기 끝에서 올라오는 잎(포엽)들이 붉게 물들고, 그 가운데에 꽃잎이 없는 작은 노란색의 특이한 꽃이 핀다.

포인세티아의 꽃

　가꾸기　햇빛이 충분한 곳에서 기르는 것이 좋으므로 5~9월에는 가능한 밖에 두고 기른다. 물을 좋아하므로 5~9월에는 토양이 건조해지면 충분히 준다. 아름다운 포엽을 보기 위해서는 액체비료를 월 1~2회 주어야 한다. 겨울철에는 8℃ 이상을 유지하면서 충분히 건조해졌을 때 따뜻한 날 물을 준다.
　적당한 크기로 아담하게 기르기 위해서는 1년에 한두 번 순지르기를 해야 한다. 잎이나 줄기를 자르면 하얀 유액이 나오므로 가능한 손에 닿지 않도록 주의한다. 매년 5월경에 분갈이를 해 준다. 물이 부족하면 밑의 잎이 누렇게 되면서 떨어진다.

추운 겨울철에 순지르기하고 잎이 없는 상태에서 너무 과습하면 줄기나 뿌리가 썩는 경우가 있다. 통풍이 안될 때에는 줄기나 잎자루에 깍지벌레가 발생한다. 따뜻한 계절에 절단면에서 나오는 유액을 물로 씻고 줄기꽂이하여 쉽게 번식시킬 수 있다.

유사종

▼ *E. marginata*

회녹색 잎의 가장자리에 선명한 흰색 무늬가 있는 여름철 화단식물이다.

▼ *E. trigona*

삼각의 줄기가 선인장처럼 비대된 다육식물로서 줄기와 생장기에 나오는 잎을 감상한다.

▼ *E. milli* var.*splendens*

꽃기린, 둥근 붉은색 포엽이 아름다운 소형 화분식물이다.

팻츠헤데라

사람의 손에서 태어난, 다섯으로 갈라진 단풍잎을 닮은

학　명: X *Fatshedera lizei*
과　명: 두릅나무과(Araliaceae)
영　명: Aralia ivy
원산지: 속간 교잡종
속명의 뜻: Fatsia(♀) x Hedera(♂)
　　　　　교잡종

　비교적 대형 관엽식물인 팔손이나무(*Fatsia*)와 소형인 아이비(*Hedera*)라는 다른 속 간의 교잡종으로, 모양은 그 중간이고 성질은 비교적 팔손이나무에 가깝다.

모양

　줄기는 팔손이나무처럼 직립하고 광택이 있는 가죽질 잎은 손가락 모양으로 갈라져 있지만, 잎 가장자리에는 거치가 없어 팔손이나무와 아이비의 중간 모양을 하고 있다. 줄기가 연약하므로 뻗을 수 있는 지지대가 있으면 최대 180cm까지 자라지만 실내에서는 보통 중·소형 화분에 지주를 세워 기른다.

가꾸기

　기르는 방법은 일반적으로 팔손이나무와 동일하나, 좀더 따뜻한 온도를 좋아하여 겨울철에는 밤기온을 10℃ 이상 유지시켜 주고, 여름철에는 시원한 곳에서 기르는 것이 좋다. 토양은 항상 습기가 있는 것이 좋지만 병해가 나타나면 물주기 횟수를 줄인다. 특히 생장이 느린 시기나 광이 좋지 않을 경우에는 물주는 양을 줄이는 것이 좋다. 응애나 깍지벌레, 진딧물 등의 충해와 너무 과습할 때 잎에 반점이 생기는 병해가 있다. 꺾꽂이로 번식한다.

유사종

✽ 팔손이나무(*Fatsia*)와 아이비(*Hedera*)

팔손이나무

마치 손가락처럼 갈라져 있는 큰 잎을 가진 늘푸른 우리 나무

학　명: *Fatsia japonica*
과　명: 두릅나무과(Araliaceae)
영　명: Japanese fatsia
원산지: 한국, 일본
속명의 뜻: 일본명 '야쯔데'에서

우리나라 남부지방의 섬에 자생하는 늘푸른 작은 나무로 자생지에서는 높이 3m까지 자라지만 실내에서 화분으로 기를 때는 1m 내외이다.

특이한 모양을 한 시원스런 큰 잎을 연중 관상하기 위해서 기르며 추위에도 강한 편이다. 생장이 빠르고 잎이 크므로 바람과 사람의 통행이 적은 곳에 중·대형 화분이나 컨테이너로 기르는 것이 적당하다.

모양

곧게 선 줄기에 어긋나기로 잎이 달린다. 광택이 있는 잎은 폭이 약 20~40cm로 7~11열로 깊게 갈라져 있다. 긴 잎자루는 30cm 이상되고, 잎의 뒷면은 황록색이며 가장자리에 톱니가 있다. 자생지에서는 늦가을 줄기 끝에 작은 꽃이 우산살 모양으로 피는데 화분으로 실내에서 기를 때는 거의 피지 않는다.

가꾸기

부드러운 간접광선이 닿는 곳에 두고 기른다. 적응할 수 있는 온도 범위가 매우 넓지만 주로 시원한 곳에서 잘 자란다. 항상 적당한 습윤 상태를 유지해야만 잘 자라므로, 여름철에는 물을 충분히 주고 건조할 때는 분무기로 잎을 적셔준다. 일년에 두세 번 정도 고체 비료를 공급해 주는 것이 좋다. 광이 너무 부족하거나 건조할 경우에 밑의 잎이 떨어진다. 해충으로는 깍지벌레와 진딧물 등이 알려져 있다. 너무 과습한 경우에는 부패병이나 잎의 반점 등이 나타난다. 주로 줄기꽂이나 종자로 번식한다.

벤자민고무나무

끝이 날씬하게 뾰족 늘어진 광택있는 잎을 자랑하는

학 명: *Ficus benjamina*
과 명: 뽕나무과(Moraceae)
영 명: Benjamin tree, Weeping fig
원산지: 동남아시아
속명의 뜻: 무화과(*Ficus carica*)의
　　　　　라틴명

중·대형 화분에서 기르는 대표적인 관엽식물로 광조건에 관계없이 잘 자란다. 늘어지는 치밀한 가지에 빽빽이 잎이 달려 실내 분위기를 부드럽게 해 준다.
　대부분의 *Ficus* 속 식물은 어느 정도 자란 후에는 습할 때 공기 중의 줄기에서 뿌리가 나오고, 줄기를 잘랐을 때 흰 유액이 나오는 특징이 있다.

모양

　원산지에서는 높이 20m에 이르는 거목으로, 실외나 대규모 온실에서 기를 경우에도 5m까지 자라지만 실내에서 화분용으로 기를 때는 2m 전후까지 자란다. 멋진 잔가지들이 많이 나오며, 다소 늘어지는 가지에 길이 5~12cm 정도로 윤기 있는 진한 녹색의 잎들이 달린다.

가꾸기

　비교적 어두운 실내 환경에서 기를 경우에는 저광도에서 순화된 식물을 구입하는 것이 좋다. 어두운 그늘에 놓아두면 이전 잎은 떨어지고 그늘에 견딜 수 있는 새 잎이 나온다. 아름다운 잎을 감상하기 위해서는 따뜻한 온도와 밝은 간접 광선이 필요하다.
　비옥한 토양에 심고 토양이 말랐을 때 물을 주어야 하는데, 특히 겨울철에 그렇다. 너무 건조하거나 추울 경우에는 갑자기 모든 잎이 떨어져 버리는 경우가 있으므로, 이때에는 가지 전체를 축축한 비닐로 씌우고 따뜻한 곳에 두면서 물을 자주 주면 새로운 잎이 올라온다. 화이트플라이나 깍지벌레 등 충해가 발생하나 비교적 내성이 있다. 줄기꽂이로 번식한다.

▶ *F. benjamina* 'Star Light'

스타라이트 벤자민고무나무, 원종의 가
지변이 품종으로 가지가 덜 늘어지고 잎
의 바깥 쪽에 흰색 무늬가 불규칙하게
있어 화려하다. 원종보다 추위에 약하고
그늘진 곳에서는 잘 자라지 못한다.

▼ *F. elastica* 'Decora'

데코라 인도고무나무, 인도고무나무의
가지변이 품종으로 잎이 뒤로 젓혀져 아
름답다. 고온다습한 환경을 좋아하고 번
식력이 좋다.

▼ *F. elastica*

인도고무나무, 흔히 고무나무로 잘 알려
진 대형 고무나무로 잎이 20~30cm 정
도로 매우 크고 광택이 있으며 두툼하다.

▶ *F. lyrata*

떡갈잎고무나무, 참나무과의 떡갈나무와
비슷한 잎을 가졌는데 길이는 20~40cm
로 매우 크다. 가지가 연약하여 1m 이상
자랄 때에는 지주가 필요하다. 추위에는 비
교적 강한 편이다.

▼ *F. pumila*

왕모람, 중국이나 일본 및 동남아시아에 자생하는 덩굴성 식물로 다른 물체에 붙을 수 있는 부착근이 있다. 나무토막이나 지주, 철사 등으로 조형물을 만들어 여러 모양으로 가꾸는 데 이용한다.

▼ *F. pumila* 'Variegata'

무늬왕모람, 왕모람의 무늬종으로 잎 가장자리에 흰색 무늬가 있다. 보통 작은 화분에 심어 이용하고 있다.

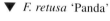

▼ *F. retusa*

대만고무나무, 동남아시아 원산의 식물로 원산지에서는 25m 이상 자라는 거목으로 가지에서 기근이 많이 나온다. 벤자민고무나무에 비하여 잎이 다소 두껍고 잎끝이 뭉툭한 편이다.

▼ *F. retusa* 'Panda'

판다 대만고무나무, 대만고무나무에 비하여 잎이 넓고 잎 끝이 뭉툭하며 두꺼워 귀여운 인상을 준다.

피토니아

거미줄처럼 뻗은 흰 잎맥이 있는 작은 잎

학 명: *Fittonia albivenis*
　　　 Argyroneura Group 'Compacta'
　　　 (*Fittonia verschaffeltii* var.
　　　　 argyroneura 'Compacta')
과 명: 쥐꼬리망초과(Acanthaceae)
영 명: Silver-nerve plant,
　　　 mosaic plant
원산지: 콜롬비아에서 페루
속명의 뜻: 인명 Fitton에서 유래

따뜻하고 습도가 높은 곳을 좋아하므로 테라리엄 장식이나 온실 식물로 적당하다. 생장력이 그다지 좋지 않고 추위를 잘 타므로 일반 가정에서는 따뜻한 계절에 기른다.

모양 줄기는 반덩굴성으로 퍼지고, 진한 녹색의 잎은 마주난다. 길이는 3~4cm, 폭은 2cm 정도의 난형으로 흰색의 잎맥이 그물처럼 이어져 있다. 꽃은 거의 피지 않는다.

가꾸기 적당량의 유기물과 물빠짐이 좋은 굵은 입자로 된 토양을 좋아한다. 비료는 한 달에 한 번 정도 약하게 준다. 수분이 부족하면 급속히 시들지만 다시 물을 주면 회복이 가능하다. 너무 더운 여름에는 빛이 적고 통풍이 잘 되는 곳에서 기른다. 습도가 낮은 경우 잎 가장자리가 누렇게 된다. 줄기꽂이나 포기나누기로 번식한다.

유사종 ▼ *F. albivenis* 'White Star'
　　　　 잎맥을 중심으로 잎의 전면에서 진한 흰색을 띠는 품종

▼ *F. albivenis* 'Pink Star'
잎맥을 중심으로 잎의 전면에서 진한 분홍색을 띠는 품종으로 최근 인기가 높다.

 **후크시아**

네 갈래로 갈라진 붉은 꽃받침잎 안에 꽃잎과 수술이 삐죽 나온 특이한 꽃

학 명: *Fuchsia* spp.
과 명: 바늘꽃과(Onagraceae)
영 명: Fuchsia, Lady's-eardrop
원산지: 멕시코에서 남미
속명의 뜻: 인명 Fuchs에서 유래

 잎 사이사이에서 주렁주렁 달리는 특이한 꽃을 감상하기 위해서 기르는 소형 화분식물이다.

모양

 늘푸른 작은 나무로서 타원형의 잎은 주로 마주나고, 잎자루와 주맥은 붉은색을 띠며 잎가장자리에는 엉성한 거치가 있다. 꽃은 잎겨드랑이에서 나와 밑으로 처지는데, 네 갈래로 갈라진 꽃받침 안에 꽃잎 4장과 다수의 수술과 암술이 밖으로 돌출되어 있다.

가꾸기

 물은 토양 표면이 말랐을 때 화분 밑에서 빠져나올 때까지 충분히 준다. 여름 더위에 뿌리가 약해지므로 빛이 적고 통풍이 잘 되는 곳에 두고 물 주는 양을 줄인다. 비료는 주로 봄과 가을철에 준다. 줄기가 길게 자라 모양이 엉성해지기 쉬우므로 생장기에 가지치기하여 모양을 다듬어 주어야 한다. 겨울에는 실내의 밝은 창가에 두고 10℃ 이상을 유지해 준다.
 건조하면 진딧물이 발생하기 쉽고, 습할 때에는 잿빛곰팡이병이나 흰가루병이 발생하기도 한다. 줄기꽂이로 번식한다.

글레코마

임 모양이 둥글고 가장자리에 둥근 거치가 있는 덩굴

학　명 : *Glecoma hederacea* 'Variegata'
과　명 : 꿀풀과(Labiatae)
영　명 : Ground ivy, Gill-over-the-ground
원산지 : 유럽
속명의 뜻 : 그리스어 glechon(민트의 일종), 잎에서 냄새가 나므로

　공중걸이 분에 이용하기 적당한 덩굴식물로, 연한 녹색의 둥근 잎에 불규칙한 무늬가 있어 아름답다.

모양

　덩굴성 여러해살이풀로서, 심장형 또는 원형의 잎은 얇고 약 2cm 정도로 향기가 있다. 잎에는 불규칙한 흰 무늬가, 가장자리에는 둥근 거치가 있다. 꽃은 거의 피지 않는다.

가꾸기

　빛이 잘 드는 창가에 두고 기른다. 잎이 매우 연약하여 물이 부족할 때에는 빠르게 시든다. 덩굴이 길게 뻗어 나오기 전에 순지르기하여 풍성한 모양으로 가꾼다. 별다른 병충해의 피해가 없고 번식은 줄기꽂이로 한다.

▶ 여러 소형 화분을 이용한 실내 벽장식

구즈마니아

잎 가운데에서 시원스럽게 쭉 뻗은 붉은 꽃대와 모엽

학　명: *Guzmania* 'Rana'
과　명: 파인애플과(Bromeliaceae)
영　명: Guzmania
원산지: 열대 아메리카 원산 식물의
　　　 원예 품종
속명의 뜻: 인명 Guzman에서 유래

　파인애플과 식물 특유의 뿌리에서 쭉 뻗어 부드럽게 휜 잎과, 그 가운데에서 올라온 꽃대에 화려한 선홍색의 포엽을 자랑하는 품종으로 중형 화분에서 기른다.

모양

　뿌리에서 올라오는 잎은 윤기있는 녹색으로, 길이 70~100cm 정도이고 가장자리는 밋밋하다. 다른 파인애플과 식물처럼 잎 가장자리가 위로 말려 물을 담을 수 있는 홈이 있다. 꽃은 잎이 모여 있는 가운데에서 붉은색 꽃대에 달리는데, 꽃은 포엽에 가려 보이지 않는다. 꽃대에서 길게 뻗어 나온 포엽은 끝부분이 녹색으로 변하기도 하여 아름답다.

가꾸기

　비교적 기르기 쉬운 식물로 햇빛이 충분한 곳에 두고 길러야 꽃을 볼 수 있으나, 일반 가정에서는 꽃을 피우기가 쉽지 않다. 보통 따뜻한 5~9월까지는 실외의 햇빛이 좋은 곳에 두고 기르다가 추워지면 실내로 들여 놓는다. 토양 표면이 충분히 말랐을 때 잎 사이의 홈에다가 물을 주어 서서히 토양으로 스며들게 한다. 물을 너무 많이 주면 뿌리가 썩을 염려가 있으므로 주의한다. 심각한 병충해는 없다. 간혹 뿌리에서 올라오는 포기를 나누거나 조직배양으로 번식한다.

기누라

뽀송뽀송한 자주색 솜털이 잎에 돋아난 덩굴식물

학 명: *Gynura aurantiaca*
  'Purple Passion'*(=* 'Sarmentosa'*)*
과 명: 국화과(Compositae)
영 명: Purple-passion vine
원산지: 자바 원산 식물의 원예 품종
속명의 뜻: 그리스어 gyne(female),
oura(a tail), 긴 주두 모양에서

식물 전체가 자주색 빛을 띠는 국화과 반덩굴 식물로, 소형화분에 심어 실내에서 기른다.

모양

매우 빨리 자라는 덩굴성 식물이다. 길이 8~10cm, 폭 4~5cm 정도인 잎은 긴 타원형으로 끝이 뾰족하고 가장자리에 성긴 톱니가 있다. 잎의 앞면은 녹색이지만 자주색의 짧은 털로 덮여 있고, 뒷면은 적자색이다. 꽃은 주황색으로 아름답지만 냄새가 좋지 않으므로 봉오리일 때 제거하는 것이 좋다.

가꾸기

광이 부족한 곳에서는 모양이 엉성해지고 잎색도 옅어진다. 양토와 피트, 모래가 동일한 비율로 섞인 토양이 적당하다. 생장이 활발한 시기에는 한 달에 한 번 비료를 준다. 순지르기를 통해 모양을 적절히 유지하는 것이 좋다. 빛이 충분할 때 특히 줄기 끝의 새로운 잎에서 자주색 빛이 뚜렷이 나타난다.

화이트플라이나 진딧물, 가루이와 같은 충해가 발생하는 경우가 있다. 연중 줄기꽂이를 통해 번식할 수 있다.

아이비

잎이 크게 세 갈래로 갈라진 덩굴식물

학 명: *Hedera helix*
과 명: 두릅나무과(Araliaceae)
영 명: English ivy
별 명: 헤데라
원산지: 유럽, 서아시아,
　　　　북아프리카
속명의 뜻: 라틴명에서 유래

　다양한 모양이나 무늬의 품종들이 개발되어 실내에서 화분으로 많이 이용되지만, 따뜻한 남부지방에서는 정원용 지피식물이나 덩굴식물로 이용하고 있다.

모양

아이비는 다양한 모양과 무늬를 가진 품종이 있다.

　줄기는 덩굴성으로 흡착성의 기근이 나와 벽이나 기둥, 다른 식물 등에 부착한다. 잎은 어긋나고 길이는 5~8cm이다.
　어린 가지의 잎은 3~5열로 갈라지지만 성년상의 가지에는 타원형 또는 계란형의 잎이 달린다. 보통 어린 가지의 유년상 잎이 아름다워 소형 화분에 심어 기른다.

가꾸기

　유기물이 풍부한 양토가 기르기에 적당하다. 순지르기하여 가지를 많이 내어 풍성한 모습으로 기르는 것이 좋다. 통풍이 잘되고 시원한 곳에서 기르는 것이 적당하다. 물에 담가도 뿌리가 잘 썩지 않으므로, 물가꾸기로 실내장식에 이용할 수 있다. 진딧물과 깍지벌레가 종종 발생하기도 하나 크게 생장에 지장을 주지는 않는다.

줄기와 뿌리 사이가 썩거나 세균성 반점, 수침상 등과 같은 병해가 습하고 환기가 불량한 조건에서 발생할 수는 있지만, 일반적으로 심각한 병충해는 없다. 줄기꽂이로 쉽게 번식시킬 수 있다.

▲ 간단한 아이비의 줄기꽂이

유사종

▶ *H. helix* 'My Heart'
잎은 하트 모양이고 최근 소형 화분에서 많이 이용하고 있다.

▼ *H. canariensis*
(Algerian or canary ivy)
아이비에 비하여 잎이 10~15cm로 매우 크다. 잎 가장자리에 노란 무늬가 있는 'Variegata' 품종을 실내식물로 이용하고 있다. 따뜻한 곳에서는 지피식물로 이용이 가능하다.

▼ *H. rhombea*
송악, 우리나라의 남부지방에 자생하는 덩굴식물로, 아이비와 같이 유년상일 때는 잎이 크게 3~5갈래로 갈라져 자란다.

켄챠야자

현대식 건축물과 잘 어울리는 시원스런 잎이 만드는 부드러운 곡선

학　명: *Howea forsterana*
과　명: 야자과(Palmae)
영　명: Sentry palm, kentia palm
원산지: 호주
속명의 뜻: 인명 Howe에서 유래

　자생지에서는 18m 또는 그 이상까지 생장하므로 이용 초기에는 유럽 등지에서 상가의 실내용 대형식물로 길렀으나, 현재는 중·대형 화분에서 실내 관엽식물로 이용된다. 생장이 매우 느리고 비교적 춥고 어두운 장소에서도 잘 자라므로, 건물 현관이나 쇼핑몰 등에서 많이 이용하고 있다. 아레카야자보다 추위와 병충해에 강하다.

모양　잎은 길이 2~3m 정도로 긴 잎자루에 깃털 모양으로 작은 잎들이 달리는데(우상복엽), 화살 모양으로 자연스럽게 휘어 아름답다. 작은 잎들은 폭 2~3cm, 길이 50cm 정도이다.

가꾸기　배수가 잘 되는 토양을 좋아한다. 밤기온은 10℃가 적절하고 에어컨 바람에도 비교적 잘 견딘다. 죽거나 시든 잎은 제거하고 가지치기는 하지 않는다. 너무 건조하거나 과습할 경우 잎 끝이 갈색이 된다. 습도가 낮을 때 응애가 발생한다. 종자로 번식한다.

유사종
✽ 아레카야자나 코코넛야자는 다른 속이지만, 잎이나 모양이 비슷하여 혼동하기도 한다.

호 야

왁스칠한 듯 윤기있는 두툼한 연녹색의 계란형 잎에 가장자리에는 흰 무늬가

학　명: *Hoya carnosa* 'Variegata'
과　명: 박주가리과(Asclepiadaceae)
영　명: Wax plant, honey plant
원산지: 중국 남부에서 오스트레일리아
속명의 뜻: 인명 Hoy에서 유래

깔끔하고 매력적인 모습으로 작은 공중걸이 분에서·주로 쓰이는 덩굴성 다육식물이다.

모양

잎은 다육질로 타원형 또는 계란형으로 마주나고 길이는 4~8cm이다. wax plant라는 영명은 왁스칠한 듯한 다육질의 계란형 잎에서 유래되었다. 꽃은 전년도 줄기에서 피는데 연분홍색으로 향기가 난다.

가꾸기

꽃을 피우려면 충분한 광이 필요하다. 배수가 좋은 양토에 심고 추울 때는 물을 적게 준다. 왕성하게 자랄 때에는 2~3달에 한 번 비료를 준다. 너무 과도한 물주기는 뿌리를 썩게 만들어 잎을 시들게 할 수 있다. 겨울철 최저 12℃ 이상을 유지해야 한다. 깍지벌레가 간혹 발생한다. 줄기꽃이로 번식한다.

유사종

▶ *H. carnosa* 'Exotica'
잎 중앙이 노란색이고 가장자리가
녹색인 품종으로, 빛이 충분한 곳에서는
새로 나오는 잎이 붉은 빛을 띤다.

히포에스테스

임 전체에 퍼져있는 붉은 점무늬가 매력적인

학 명: *Hypoestes phyllostachya* cv.
과 명: 쥐꼬리망초과(Acanthaceae)
영 명: Polka-dot plant, freckle-face
원산지: 마다가스카르
속명의 뜻: 그리스어 hypo(below),
estia(a house), 포엽이 꽃받침을 덮고
있는

마다가스카르 원산의 다년초로,
줄기 밑부분에서 여러 줄기가 올라
와 아담한 모양이 된다. 작은 화분
에 심어 얇은 연녹색 잎에 있는 화
사한 무늬색을 즐기기 위해 실내에
서 기르는데, 제주도에서는 정원에
서도 월동한다.

모양

줄기는 직립성으로 매우 빨리 자란다. 잎은 계란형으로 마주나며 녹색 바탕에
품종에 따라 붉은색이나 연분홍색, 흰색 무늬가 점점이 있다. 생장하면서 가을
에 작은 꽃이 필 때가 되면, 수형이 헝클어지므로 따주는 것이 좋다. 최대 90cm
정도까지 자라지만 실내에서 화분으로 기를 때에는 훨씬 작다.

가꾸기

아름다운 잎의 무늬가 충분히 발현되기 위해서는 빛이 충분한 곳에 두고 기른
다. 피트모스나 부엽 등과 같이 유기물이 풍부한 토양을 좋아한다. 순지르기로
많은 가지를 내어 풍성한 모양으로 가꾼다. 보통 가을철에 꽃대가 올라오면서 모
양이 헝클어지기 쉽다. 초봄에 줄기를 1cm 정도만 남기고 바짝 잘라주면, 줄기
밑부분에서 힘차게 새로운 줄기가 올라오면서 다시 컴팩트한 모양으로 가꿀 수
있다. 빛이 적으면 마디가 길어져서 식물 전체가 엉성하고 무늬도 없어지며, 너
무 강한 광선 하에서는 잎이 타게 된다. 건조할 때 잎의 뒷면에 화이트플라이가
많이 발생한다. 주로 줄기꽂이로 번식한다.

뉴기니아봉선화

파푸아 뉴기니아에서 온 봉선화의 화려한 친구

학 명: *Impatiens* New Guinea Hybrids
과 명: 봉선화과(Balsaminaceae)
영 명: New Guinea impatiens,
　　　　patient plant
별 명: 뉴기니아임파치엔스
원산지: 파푸아 뉴기니아 원산
　　　　*I. hawkeri*의 원예 품종
속명의 뜻: impatient(참을 수 없는)에서,
　　　　　　종자를 건드리면 터져서

　이름에서 알 수 있는 것처럼 우리에게 친근한 초화류 봉선화의 유사종으로, 1970년부터 미국에서 개발되었으며, 최근 우리나라에서는 여름철 화분식물로 널리 기르고 있다. 물관리만 잘 하면 큰 병충해 없이 여름철에 풍성한 꽃을 볼 수 있는 식물이다.

모양

　긴 타원형의 잎은 다즙질로 길이가 5~10cm이며, 가장자리에 거치가 있다. 꽃은 줄기 끝 부분의 잎 사이에서 피는데, 직경이 4~5cm로 다른 봉선화류에 비하여 크고 두껍다. 잎맥이 붉은색이고 잎 중앙에 노란 무늬가 들어간 품종도 있다.

가꾸기

　여름철에 꽃을 풍성하게 피우기 위해서는 밝은 간접광선이 필요하다. 고온건조할 때 햇빛이 강한 곳에 두면, 잎이 떨어지거나 진딧물이 발생하므로 주의한다. 유기질이 풍부한 배합토로 만든 토양에서 기른다.
　물을 매우 좋아하므로 생장기에는 충분히 주지만, 너무 과습할 때에는 뿌리가 썩는 경우도 있다. 겨울철 온도는 16℃ 이상을 유지해 준다. 주로 줄기꽂이로 번식한다.

▶ *I. balsamina*

봉선화, 오래전부터 기르던 우리에게 친근한 초화류로, 여름철에 화단에서 기른다.

▼ *I. walleriana*

임파치엔스(아프리카봉선화), 여름철 화단식물로 널리 기르고 있는 초화류로, 최근에는 겹꽃 품종을 화분에 심어 이용하기도 한다.

▶ 겹꽃 품종

# 익소라

수국처럼 생긴 붉은 꽃이 풍성하게 줄기 끝에서 피는

학　명 : *Ixora chinensis*
과　명 : 꼭두서니과(Rubiaceae)
영　명 : Ixora
별　명 : 산단화(山丹花)
원산지 : 중국 남부에서
　　　　　말레이반도

　줄기 끝에 꽃다발처럼 피는 붉은 꽃을 오랜 기간 관상할 수 있어서 기르는 실내 화분식물로, 최근에는 소형종도 인기가 높다.

모양

　높이 1m 정도의 작은 나무로 잎은 타원상 피침형으로 줄기에 마주난다. 광택있는 두툼한 잎은 가장자리에 거치가 없고, 길이는 5~10cm이다. 줄기 끝에 원형에 가까운 4개의 꽃잎을 가진 직경 2cm 정도의 꽃이 우산살 모양으로 모여 핀다.

가꾸기

　따뜻한 5~9월까지는 햇빛이 충분한 실외에서 기른다. 봄부터 가을까지 토양 표면이 마르면 물을 충분히 주며, 특히 꽃이 피어 있을 때는 물이 부족하지 않도록 주의한다. 꽃이 지고 나면 밑에서 새로운 줄기가 올라오는데, 이때 적절히 가지치기해서 모양을 가꾼다.

　꽃을 잘 피우기 위해서는 8월 초까지 가지를 치고, 그 이후에는 가지를 치지 않고 두면서 가을철에는 비료나 물을 적게 주면서 추위를 받게 한다. 진딧물이 발생하기 쉽다. 5~7월경 줄기꽂이로 번식한다.

유사종

▶ *I. coccinea*
　잎이 작은 소형종으로, 꽃잎은 가는 피침형이다.

칼랑코에

원색에 가까운 선명한 십자 모양의 작은 꽃이 풍성한 다육식물

학　명: *Kalanchoes blossfeldiana* cv.
과　명: 돌나물과(Crassulaceae)
영　명: Kalanchoe
원산지: 마다가스카르 원산 식물의
　　　　원예 품종
속명의 뜻: 한 식물의 중국명에서 유래

　시클라멘이나 포인세티아와 함께 대표적인 겨울철 분화 식물로 최근에는 봄철에도 소형 화분으로 많이 유통되고 있다. 원색의 작은 꽃들이 계속 피어 수개월 이상 감상할 수 있으므로 인기가 높다.

모양　높이가 최대 90cm까지 곧게 자라는 다육식물로, 타원형 또는 원형의 잎은 마주나며 가장자리는 밝은 빛에서 붉은 빛이 돌고, 듬성듬성 거치가 발달해 있다. 보통 가정에서 기를 때에는 1월경 줄기 끝에서 꽃대가 올라와 수많은 작은 꽃이 차례차례 핀다.

가꾸기　빛을 좋아하므로 따뜻한 5~9월에는 햇빛이 충분한 실외에서 기르고, 고온 다습한 여름철에는 반그늘에 둔다. 피트모스나 부엽 등 유기물이 풍부한 토양을 좋아한다. 순지르기하여 줄기를 많이 내서 아담한 모양으로 가꾼다. 꽃이 피었을 때나 추울 때에는 주 1회 물을 준다. 봄철이나 가을철에는 토양이 건조해지면 충분히 물을 주지만 고온 다습한 여름철에는 줄여 준다. 비료는 액체비료를 월 2~3회 준다. 병충해의 피해가 거의 없으나 고온 건조할 때 진딧물이 발생한다. 꽃이 지고 그 밑의 잎 겨드랑이에서 올라오는 새로운 줄기의 4~5마디 밑을 잘라 6월에 꺾꽂이를 하여 번식한다.

유사종

◀ *K.* x 'Wendy'(별명: 앤젤램프)

란타나

무리지어 핀 알록달록한 여러 색의 꽃과 깻잎 같은 잎

학　명: *Lantana camara*
과　명: 마편초과(Verbenaceae)
영　명: Yellow sage
원산지: 열대 아메리카
속명의 뜻: 비슷한 꽃이 피는
　　　　　 Viburnum 속의 라틴명

　1m 정도까지 자라는 작은 나무이지만 꺾꽂이한 모종을 소형 화분에 심어 판매하는 경우가 많다. 시들 때 노란색에서 붉은색으로 변하는 꽃이 독특한 느낌을 준다.

모양

　30~100cm 정도의 작은 나무로서 얇은 가지가 많이 뻗어 나와 잘 자란다. 잎은 마주나고 계란형 또는 타원형으로 가장자리에 톱니가 있어 마치 깻잎 비슷하다. 1cm 전후의 작은 꽃들이 우산살 모양으로 줄기 끝에 뭉쳐 핀다. 꽃봉오리는 위에서 보았을 때 사각형인 특징이 있다.
　보통 노란색으로 꽃이 피어 오렌지색, 붉은색으로 변하면서 시든다. 보통 밖에서부터 꽃이 피기 때문에 가장자리의 꽃들이 붉은색이고 가운데의 꽃은 노란색인 모습을 흔히 보게 된다.

가꾸기

　물은 너무 과습하지 않도록 주는 것이 좋지만, 여름철에는 충분히 주어야 한다. 비료는 한창 자라는 5~9월에는 한 달에 한 번 준다. 토양은 물빠짐이 비교적 좋아야 한다.
　가지가 길게 뻗어 모양이 헝클어지기 쉬우므로 새로 올라오는 가지는 절반 정도 자른다. 화이트플라이나 진딧물이 발생하기 쉽다. 5~9월에 줄기꽂이로 번식한다.

마란타

생선 가시처럼 생긴 붉은 잎맥이 뻗어 있는

학　명: *Maranta leuconeura* var.
　　　　erythroneura
과　명: 마란타과(Marantaceae)
영　명: Red-nerve plant, red-veined
　　　　prayer plant
원산지: 브라질, 남아메리카
속명의 뜻: 인명 Maranti에서, 종명
은 흰 잎맥, 변종명은 붉은 잎맥에서

이국적인 색감의 소형 관엽식물로 실내 장식에서 악센트를
줄 수 있다. 영명 prayer plant는 낮에는 잎이 펼쳐져 있다가
밤이 되면 아래로 접히는 성질을 나타낸다.

모양　　줄기는 보통 옆으로 누우면서 자란다. 잎은 길이
10cm 정도로 앞면에 벨벳 질감의 녹색과 잎맥을 따라 나있는
붉은색의 대조가 아름답다. 잎자루는 5cm 정도이고 잎 뒷면은
자주색이다. 뿌리는 두껍고 다육질의 덩이뿌리가 발달해 있다. 줄기 끝에 작은
꽃이 연자주색으로 피는데 관상가치는 적다.

가꾸기　　붉은 잎맥의 색을 유지하기 위해서는 비교적 충분한 빛이 필요하다. 생
장이 느린 겨울철에는 물주기를 최대한 줄인다. 가끔씩 가지치기하여 모양을 유
지해 주는 것이 좋다. 유기질이 많은 토양을 선호한다. 토양에 염류가 축적되지
않도록 2~3개월에 한 번 정도만 비료를 준다. 쥐들이 다육질의 덩이뿌리를 갉아
먹기도 한다. 주로 불룩한 마디를 포함한 꺾꽂이나 덩이뿌리와 함께 포기를 나누
어 번식한다.

유사종

◀ *M. leuconeura* var. *kerchoviana*
　　(Rabbit's foor, rabbit's tracks)
　　회녹색 바탕의 잎에 주맥의 양쪽으로 5쌍
의 짙은 녹색 무늬가 들어간 품종이다.

신경초

빗살같은 작은 잎을 건드리면 짜증을 낸다

학　명 : *Mimosa pudica*
과　명 : 콩과(Leguminosae)
영　명 : Sensitive plant
별　명 : 미모사
원산지 : 열대 아메리카
속명의 뜻 : 그리스어 mimos
(a mimic), 건드리면 움직이는 잎의
성질에서

　잎을 건드리면 작은 잎들이 몇 초 내에 순차적으로 오므렸다가 약 30분이 지나면 다시 펼쳐지는 특이한 성질 때문에, 작은 분화 식물로 기르고 있다. 이러한 잎의 운동은 20℃ 이상, 햇빛이 충분할 때 잘 일어난다.

모양

　원산지에서는 잡초성 다년초이지만 보통 원예에서는 1년초로 취급하고 있다. 초장은 약 50cm까지 자란다. 가지는 철사처럼 뻣뻣하고 가시가 있으며, 잎은 우상복엽이다. 빛이 좋은 곳에서는 작은 공같은 연분홍색 꽃이 핀다. 유년기에 순지르기를 통하여 모양을 가꾸어 준다.

가꾸기

　생장이 활발한 시기에는 매달 시비를 해주는 것이 좋다. 컴팩트한 모양과 개화를 위해서는 최대한 광을 많이 받도록 한다. 병충해 피해가 거의 없어 비교적 재배하기 쉽다. 주로 종자로 번식된다.

몬스테라

괴상하게 찢어진 잎이 우박을 맞아 구멍이 송송 뚫린 듯한

학　명: *Monstera deliciosa*
과　명: 천남성과(Araceae)
영　명: Swiss-cheese plant,
　　　　breadfruit vine
원산지: 멕시코, 중앙 아메리카
속명의 뜻: 기괴한(monstrous) 잎,
종명은 식용가능한(delicious, 맛있
는) 열매

　이국적인 큰 잎을 가진 덩굴식물로, 주로 규모가 큰 실내 조경이나 식물원의 온실에서 많이 이용하고 있는 대형 관엽식물이다.

모양

　튼튼한 흡착성의 기근이 벽이나 나무 등에 붙어서 자라는 덩굴식물로, 잎은 길이 70~100cm로 광택이 있다. 중앙의 잎맥 양쪽으로 불규칙하게 찢어져 있고 자라면서 그 사이에 구멍이 생긴다.

　몬스테라의 잎이나 줄기 내에는 다른 천남성과 식물처럼 피부를 자극하는 칼슘 옥살레이트 결정체를 가지고 있다. 오래된 줄기에서는 노란색의 꽃이 육수화서로 피고, 파인애플 또는 바나나향이 나는 열매를 맺는데 원산지에서는 이것을 식용한다.

가꾸기

　시원한 경관을 연출할 수 있는 재배하기 용이한 식물이다. 밤기온이 16℃ 이하로 떨어지면 생장이 둔화된다. 비료는 1년에 2~3회 정도 주로 여름철에 준다. 모든 토양에서 잘 자란다. 많은 기근이 발생하여 지저분한 모습을 나타내기도 하므로, 기근을 자르거나 땅으로 유도하여 보조적인 지지 역할과 양분 흡수의 역할을 할 수 있도록 해 주는 것이 좋다. 순지르기하여도 곁가지를 잘 형성하지 않기 때문에 한 방향(위)으로만 자라는 습성이 있다. 몇 년 후에 아랫 잎이 떨어지게 되면 공중떼기나 줄기를 바짝 잘라 모양을 다듬어 준다.

빛이 너무 부족하거나 토양에 염이 축적되었을 때 더딘 생장을 보인다. 간혹 응애나 깍지벌레 등이 발생한다. 잎에 검은 반점이 생기거나 조직의 부패 등이 간혹 관찰된다.

주로 기근이 나와 있는 마디를 포함한 줄기꽂이로 번식한다.

▶ *M. adansonii*

잎이 비교적 작고 잎 좌우가 불규칙하게 찢어져 있다. 중·대형 화분에 지주를 세워 기르는 경우가 많다.

▼ 무늬 품종

▼ *M. friedrichsthalii*

작은 잎이 다소 뾰족하고 얇으며 중앙의 잎맥 양쪽에 2~3개의 구멍이 나있는 소형 관엽식물이다.

▼ *M. standleyana*

잎은 짙은 녹색으로 피침형 또는 긴 타원형이다.

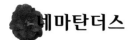 # 네마탄더스

엽에서 보면 마치 복어와 같은 주황색 꽃

학　명 : *Nematanthus gregarius*
　　　　(=*Hypocyrta radicans*)
과　명 : 제스나리아과
　　　　(Gesneriaceae)
별　명 : 복어꽃
원산지 : 브라질

　윤기있는 두툼한 작은 잎 사이에 주황색 꽃이 달리는데, 그 특이한 모양을 감상하기 위해 실내 소형 화분이나 공중걸이 분으로 기른다.

모 양

　녹색의 줄기는 오래되면 목질화되는데 속은 비어 있다. 타원형의 광택이 있는 잎은 마주나고, 길이 3cm 정도로 두툼하다. 꽃은 잎겨드랑이에 달리며 연녹색에서 주황색인 꽃받침잎 사이에 주황색의 통꽃이 핀다.

가꾸기

　꽃이 잘 피고 줄기가 늘어지지 않고 컴팩트하게 자라게 하기 위해서는 적절한 빛이 필요하다. 봄철 한창 줄기가 자랄 때 적절히 순지르기하여 모양을 가꾼다. 추울 때에는 물을 적게 준다. 병충해의 피해는 별로 없다. 줄기꽂이로 번식한다.

네오레겔리아

흰색 줄무늬 잎이 모여난 곳에 붉은 물감이 떨어진 듯

학　명: *Neoregelia carolinae*
　　　　'Flandria'
과　명: 파인애플과(Bromeliaceae)
영　명: Striped blushing bromeliad
원산지: 브라질
속명의 뜻: 인명 Regel에서 유래

　실내 관엽식물로 이용하는 대표적인 파인애플과 식물로, 잎의 아름다운 흰색 줄무늬를 감상하기 위해 화분에 심어 기른다.

모양　　원산지에서는 착생식물로 로제트상 잎은 가죽질이고 길이는 최대 40cm, 폭은 4cm 정도이다. 잎의 가장자리에 세로로 노란색 줄무늬와 톱니가 있다. 잎이 모여난 중앙 부분은 붉은색을 띠고, 다른 파인애플과 식물과 같이 물이 고여있게 되는데 이곳에서 청색의 작은 꽃이 핀다.

가꾸기　　대부분의 파인애플과 식물처럼 내건성이 강하여 건조한 실내환경에 대한 적응성이 매우 높다. 토양에 바크를 혼합하여 착생식물에 필요한 뿌리의 통기성을 만족시키면서 뿌리의 지지를 쉽게 해 준다. 한 달에 한 번 비료를 주며, 특히 꽃이 필 때는 물을 담고 있는 잎 가운데에 준다. 깍지벌레가 주요 해충이다. 주로 뿌리에서 새로 나오는 포기를 뿌리와 함께 나누어서 번식한다.

유사종

▶ *N. carolinae* 'Tricolor'
　잎 안쪽에 세로로 노란 줄무늬가 있는 품종이다.

네펜데스

임 끝에 조롱박이 주렁주렁 달린 듯한

학 명: *Nepenthes* spp.
과 명: 벌레잡이통풀과
        (Nepenthaceae)
영 명: Pitcher plant
별 명: 벌레잡이통풀
원산지: 동남아시아 원산 식물의
        교잡종
속명의 뜻: 그리스어에서 유래

대표적인 식충식물로 잎 끝이 벌레를 유인하기 위해 함정으로 변형되었는데, 이 특이한 모습을 관상하기 위해서 공중걸이 분에 심어 기르고 있다.

모양 반덩굴성 줄기에 선형의 잎이 달리고 그 끝에 가운데가 잘록한 벌레잡이 통이 붙어 있다.

가꾸기 고온다습한 환경을 좋아한다. 추위에 약하여 최저 15℃ 이상은 유지해야 한다. 수태나 모래 등과 같은 통기성이 좋은 토양에 심어 기르는 것이 좋다. 충분히 성숙한 줄기의 꺾꽂이나 종자로 번식한다.

유사종

종류는 다르지만 다음과 같은 식충식물들을 실내에서 기를 수 있다.

◀ *Sarracenia* spp.   사라세니아

▲ *Drosera* spp. 끈끈이주걱

▼ *Dionaea* spp. 파리지옥, (비너스) 파리잡이풀

보스턴고사리

작은 잎이 달린 잎자루가 부드럽게 늘어지는 대표적인 관엽 고사리

학 명: *Nephrolepis exaltata*
            'Bostoniensis'
과 명: 고란초과(Polypodiaceae)
영 명: Boston fern
별 명: 네프롤레피스
원산지: 열대지방

공중걸이 분으로 많이 이용되고 있는 소형 실내 관엽식물로, 다른 고사리류에 비하여 강건하여 적절한 빛과 수분 조건만 주어지만 손쉽게 기를 수 있다.

모양   잎은 원래 엽상체로서 우상복엽의 모양을 이룬다. 잎은 밝은 녹색이고 길이는 약 60~100cm로 작은 선형의 잎들이 좌우로 붙어 있다. 엽상체는 자라면서 아치형태로 처진다.

가꾸기   열대지방의 실외뿐만 아니라 실내환경에서도 잘 자라는 식물이다. 다른 고사리들처럼 습하고 어두운 곳을 좋아하나, 보스턴고사리는 일반 고사리보다 튼튼하다. 밤기온은 최저 12℃ 이상을 유지한다. 외풍은 좋지 않으나 적절한 환기는 필요하다.

높은 습도를 좋아하지만, 습할 때 잎이 계속 젖어 있으면 곰팡이가 발생할 수도 있다. 살충제 피해가 발생하기 쉬우므로 주의한다. 건조할 경우 깍지벌레나 화이트플라이, 온실가루이 등이 발생한다. 주로 포기나누기나 포기에서 나온 긴 줄기 끝에 달린 새로운 포기를 잘라 번식한다.

유사종

◀ *N. exalta* 'Fluffy Ruffles'
    엽상체가 진한 녹색으로 위를 향해 자란다.

오푼티아

부드러운 솜털이 송송 박힌 토끼 귀 모양

학　명: *Opuntia microdasys*
과　명: 선인장과(Cactaceae)
영　명: Rabbit ears
별　명: 손바닥선인장
원산지: 멕시코 북부, 텍사스
속명의 뜻: 고대 그리스 Opus 지방에서
자라는 식물의 그리스명에서 유래

곧게 선 다육질의 줄기가 납작하고 토
끼의 귀와 비슷하다고 하여 'rabbit ear'
라는 영명이 붙었다. 접시정원에 다른
선인장과 혼식하여 사막의 이국적인 풍경을 연출하거나 단독으로 소형 화분에
심어 기른다.

　모 양

　잎은 없고 줄기는 계란형으로 납작하다. 흰색 또는 연갈색의 실같은 가시가
줄기 전면에 뭉쳐나는데 솜털처럼 떨어지기 쉬운 특성이 있어 다른 선인장과 구
별된다. 꽃은 엷은 노란색으로 피지만 오래가지 못한다.

　가꾸기

　부패병에 약하므로 건조한 상태를 유지해 준다. 배수가 잘 되는 사질의 토양
이 적당하며 충분한 빛을 필요로 한다. 비료는 일년에 1~2회 정도 준다. 부패병
이 가장 중요한 병으로, 고온다습할 때는 물을 적게 공급한다. 응애나 깍지벌레
등이 간혹 발생한다.
　큰 줄기에서 나온 작은 줄기를 떼어내어 며칠 간 건조한 음지에서 말렸다가
꺾꽂이로 번식시킨다.

파키라

불가사리처럼 작은 잎들이 둥글게 모여있는

학 명 : *Pachira aquatica*
과 명 : Bambacaceae
영 명 : Guiana chestnut,
         water chestnut,
         provision tree
원산지 : 열대 아메리카

굵은 나무에서 푸른 줄기가 나와 연두색의 얇은 잎들이 손가락처럼 둥글게 모여 있어 싱그러운 느낌을 주며, 보통 중·소형 화분으로 이용한다.

모 양

줄기는 녹색으로, 자라면서 밑의 부분이 갈색으로 변하며 두꺼워진다. 잎은 길이 15~30cm의 피침형 소엽이 5~7매 동그랗게 모여나며, 소엽의 주맥을 중심으로 양쪽의 잎맥들이 직각으로 뻗어 있는데 다소 함몰되어 있다.

가꾸기

기르기에는 밝은 간접광선이 있는 곳이 좋으며, 빛이 너무 적을 경우에는 줄기의 마디와 잎자루가 길어지면서 모양이 엉성해지므로 주의한다. 생장기 동안에는 물을 충분히 준다.

잎은 크고 얇고 연약하여 강한 바람이나 추위, 강한 빛에 의해 피해를 입기 쉬우므로 주의한다. 생육이 매우 왕성해서 잎이 없는 굵은 줄기를 심어도 뿌리와 새로운 줄기가 나온다. 심각한 병충해의 피해는 없다. 줄기꽂이나 종자로 번식한다.

파키스테치스

둥글고 노란 포엽을 층층이 쌓아 놓은 탑에 사이사이 하얀 꽃들이

학　명 : *Pachystachys lutea*
과　명 : 쥐꼬리망초과
　　　　(Acanthaceae)
원산지 : 중남미
속명의 뜻 : 그리스어 pachys(thick),
stachys(a spike), 빽빽한 화서의 모
양에서 유래

주로 푸른 잎과 대비되는 줄기 끝에 달리는 아름다운 노란 포엽을 감상하기 위해 기르는 실내 꽃보기 식물이다. 열대성이기는 하지만 추위에도 비교적 강하고 강건하여 기르기 쉽다.

모양

늘푸른 작은 나무로서 얇은 피침형 잎은 마주나고 가장자리는 밋밋하다. 올해 올라온 줄기 끝에 10cm 가량의 꽃대가 올라오는데, 길이 2~3cm의 포엽은 심장형으로 겹겹이 있고 그 사이에서 하얀 꽃이 밑에서부터 핀다.

꽃

포엽

가꾸기

5~9월에는 잘 자라므로 토양 표면이 마르면 충분히 물을 주고 추운 겨울철에는 줄인다. 꽃을 잘 피우기 위해서는 빛이 충분한 곳에 두고 순지르기로 여러 줄기를 많이 내게 한다.

새로 잎과 줄기가 나올 때 건조하면 진딧물이 발생하기 쉽다. 5~7월에 꺾꽂이로 번식한다.

수박페페로미아

빨간 잎자루에 수박같이 달린 다육질의 잎

학　명: *Peperomia argyreia*
과　명: 후추과(Piperaceae)
영　명: Watermelon peperomia,
　　　　watermelon begonia
별　명: 페페로미아
원산지: 열대아메리카,
　　　　플로리다 남부
속명의 뜻: 그리스어 peperi(pepper),
homoios(resembling), 후추와 유사한

페페로미아 속은 1000종이 넘는 종류가 있는데, 그중에서 가장 많이 이용되고 있는 종류이다. 생장이 더디므로 보통 아담한 크기의 화분에서 기르고 있고, 접시정원이나 테라리엄에서도 많이 이용된다.

모양

줄기는 없거나 매우 짧다. 수박의 줄무늬와 같은 흰 무늬가 있는 잎은 다육질로 원형에 가까우며, 직경이 5~8cm로 자주색 잎자루에 수직으로 붙어 있다. 꽃은 약 15cm의 벼이삭 모양으로 줄기 끝에 달리는데 관상가치는 없다.

가꾸기

광이 부족할 경우 생장이 둔화되는 경향이 있다. 배수가 잘 되는 토양이 적당하며, 생장이 활발한 시기에는 한 달에 한 번 비료를 준다. 겨울철 추울 때 토양이너무 습하면 잎과 줄기가 썩을 수 있다. 부패병을막기 위해 시든 잎은 바로 자르는 것이 좋다.

주요 해충으로는 응애나 깍지벌레가 있고, 과습할 때 잎의 반점이나 부패병 등이 나타난다. 잎자루를 포함하거나 포함하지 않고 잎꽂이로번식한다.

잎꽂이하여 새로운 잎이 나오고 있는 모습

유사종

▲ *P. obtusifolia*

잎은 짙은 녹색의 둥근형으로 수박페페로
미아보다 크고, 잎 가장자리가 안쪽으로 다
소 말려 주걱모양처럼 생겼다. 생장이 빠르
고 튼튼하며 어두운 곳에서도 잘 자란다.

▲ *P. obtusifolia* 'Variegata'

잎의 중앙 부위에 회색과 녹
색이 혼합된 무늬가 있고, 잎 가
장자리는 아이보리색인 품종이
다.

▼ *P. obtusifolia* 'Green Gold'

녹색 잎에 불규칙한 크림색 무늬가
있는 품종이다.

▼ *P. caperata*

심장형의 잎은 진한 녹색으로, 잎 전
체에 잎맥을 따라 깊은 홈이 패여 있고
잎자루는 붉은색을 띤다.

93

◀ *P. clusiifolia*
잎이 작고 가장자리가 붉다.

▶ *P. puteolata*
잎에 세로로 있는 3~5개의
잎맥이 특징적인 왜성종이다.

▼ *P. clusiifolia* 'Jewelry'
잎 중앙은 녹색 또는 회녹색 무늬가 있고, 잎 바깥쪽은 아이보리색, 가장자리는
붉은색인 품종이다.

필로덴드론

태풍이 지나간 듯 마구 찢겨진 커다란 잎

학　명: *Philodendron selloum*
과　명: 천남성과(Araceae)
영　명: Tree philodendron,
　　　　saddle leaf philodendron
별　명: 셀로움
원산지: 브라질 남부
속명의 뜻: 그리스어 phileo(love),
dendron(a tree), 나무에 붙어 자라는
습성에서 유래

　일찍이 실내식물로 소개되어 널리 이용되고 있는 필로덴드론 속 식물의 잎은
자라나는 시기나 기르는 장소 등에 따라 크기와 모양이 매우 다양한데, 보통 진
한 녹색으로 광택이 있다. 주로 어린 모종의 덩굴성 식물을 지피용이나 기둥 등
의 장식에서 이용한다.

모양

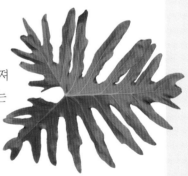

　생장이 매우 빠른 품종으로 실내에서도 키가 약
120cm까지 자라고, 180cm 정도까지 주변으로 퍼져
자라나기 때문에 넓은 공간이 필요하다. 잎의 길이는
약 20~100cm로 깊게 갈라져 있어 모양이
몬스테라(*Monstera*)와 유사하다. 식물의 기부에서
매우 큰 기근이 발생한다.

가꾸기

　토양이 습하거나 염류가 많을 경우 또는 빛이 너무 적을 때 잎의 크기가 작아
진다. 배수가 잘 되는 토양과 따뜻하고 습한 곳을 좋아한다.
　다른 종과는 달리 본 종은 내한성이 비교적 강해 2℃ 정도까지도 견딜 수 있
다. 잎과 줄기의 부패병이나 잎 반점 등의 병해를 받을 수 있다. 응애나 깍지벌레
등이 간혹 발생한다. 큰 줄기를 가지치기하며 꺾꽂이하거나 종자로 번식한다.

▼ *P. bipennifolium*(Horsehead philodendron, fiddle-leaf philodendron)

잎은 진한 올리브색을 띤 녹색으로 광택이 나고 가죽질이다. 잎은 최대 45cm까지 자라지만 실내에서는 일반적으로 30cm 정도이다. 잎의 기부에서 세 갈래로 깊게 갈라지는데 양쪽의 두 개가 말의 귀를, 가운데 길게 나온 것이 말의 코 부위와 유사하다. 광이 부족하면 갈라지는 모양이 작아진다. 지주를 세워 기르면 120~180cm까지 자란다.

▶ *P. maritianum*

잎자루가 두툼한 특징이 있는 종류로 덩굴성이 아니다.

▶ *P. scandens* subsp.*oxycardium*
　(Heart-leaf philodendron)

하트형 잎을 가진 덩굴성 식물로, 유년기일 때 잎 길이는 약 10~15cm로, 성년기의 잎보다(약 30cm) 훨씬 작다. 착생식물로 기근을 벽이나 나무에 붙여서 자란다. 광 환경이 좋지 않은 곳에서도 생장이 양호하다.

◀ *P. scandens* subsp.*oxycardium* 'Lime'는 전체적으로 잎이 노란색인 품종이다. 충분한 빛이 있는 곳에서 길러야 아름다운 색을 제대로 볼 수 있다.

▼ *P.* 'Lemon Lime'

잎 전체가 밝은 노란색 품종이다.

▼ *P.* 'Xanadu'

전체적으로 본 품종과 유사하나, 작고 좀더 심하게 찢어져 있다. 꽃장식에서 자른 잎으로도 이용되고 있다.

필레아

알루미늄 조각이 잎에 떨어진 듯한 무늬가 특징인

학　명: *Pilea cadierei*
과　명: 쐐기풀과(Urticaceae)
영　명: Aluminum plant
원산지: 베트남
속명의 뜻: 라틴어 pileus(a cap),
　　　　　암꽃의 모양에서

　잎의 화려한 무늬가 아름다운 미니 관엽식물로서 테라리엄이나 접시정원 등에서 많이 이용된다. 마디가 짧고 잎도 작은 컴팩트한 왜성종도 있다.

모양　소형의 초본식물로 줄기나 잎 모두 다즙성이다. 밑에서부터 줄기가 많이 나와 덤불을 만드는데, 높이는 약 25cm까지 자라고, 잎은 마주나며, 길이는 약 5~7cm이다. 잎 윗면은 짙은 녹색 표면에 은색의 무늬가 있다.

가꾸기　온도 변화가 크지 않은 습한 환경을 좋아한다. 토양은 유기질이 많은 것이 좋다. 너무 어두우면 마디 사이가 길어지므로, 다소 밝은 실내에 두고 순지르기하여 많은 줄기를 내게 한다. 고온 다습한 여름철에 잎의 반점이나 부패병 등이 발생하기도 한다. 따뜻한 계절에 줄기를 잘라 토양이나 물에만 꽂아도 뿌리가 난다.

유사종　▼ *P. mollis* 'Moon Valley' (Moon valley pilea)

잎 가장자리는 연한 녹색으로 톱니가 있고, 안쪽은 고동색이다. 표면은 굴곡이 심해 음각의 질감을 준다. 접시정원이나 테라리엄 등에 잘 어울리는 품종이다.

▼ *P. nummulariifolia*(Creeping charlie)

　잎은 원형으로 표면에 요철이 있다. 덩굴성 줄기는 연한 적색으로 마디에서 뿌리가 나온다. 공중걸이 분에 적당한 품종이다.

돈나무

끝이 둥근 잎들이 둥글게 모여나 깜찍한 작은 나무

학　명: *Pittosporum tobira*
과　명: 돈나무과(Pittosporaceae)
영　명: Japanese pittosporum,
Austrailian laurel, mock orange
원산지: 한국, 중국, 일본
속명의 뜻: 그리스어 pitta(pitch),
sporum(a seed), 끈적끈적한 씨앗에서

　윤기있는 둥근 잎이 아름다워 실내 조경용으로 많이 이용하고 있다. 남부지방에서는 바닷바람에 강하여 해안에 자생하거나 널리 심고 있는 늘푸른 작은 나무이다.

모 양

　잎은 윤기가 있는 진한 녹색의 긴 타원형으로 줄기에 어긋나 붙어 있다. 연노란색 꽃은 줄기 끝에 피며 향기가 매우 좋다. 남부지방의 실외에서는 3~4.5m 정도까지 자라는 늘푸른 작은 나무지만, 중부지방에서 화분에 심어 실내 식물로 기를 경우에는 보통 60~90cm 정도이다.

가꾸기

　꽃을 피우기 위해서는 많은 빛이 필요하지만, 잎을 관상할 목적이라면 내음성도 상당히 강하므로 반음지에서도 잘 자란다. 모양을 가꾸기 위해서는 새로운 가지가 나오기 전인 늦은 겨울에 가지치기한다. 빛이 부족한 실내에서는 밑의 잎이 떨어진다.

　토양은 양토가 적당하며 3~4개월에 한 번씩 비료를 준다. 깍지벌레나 진딧물, 응애 등이 발생한다. 토양 내에 염류가 많을 경우, 잎이 마르고 가장자리가 갈색으로 변한다. 종자나 꺾꽂이로 번식한다.

돈나무의 꽃과 열매

박쥐란

벽에 장식된 사슴뿔과 같은 엽상체

학 명: *Platycerium bifurcatum*
과 명: 고란초과(Polypodiaceae)
영 명: Common staghorn fern
원산지: 호주, 폴리네시아
속명의 뜻: 그리스어 platys(broad),
keras(a horn), 납작한 뿔같은 엽상체
에서 유래

주로 식물원에서 벽이나 나무 등걸이에 붙여서 기르는 착생 고사리류이다. 가정에서는 수태 등으로 채운 바구니에 심어서 기르기도 한다.

모양

완전히 다른 두 종류의 엽상체를 가지고 있는데, 하나는 잎이 원형으로 양배추 잎처럼 생겼으며, 다육질이고 포자를 맺지 않는다. 이 잎들은 뿌리 주변을 에워싸고 있으며 나무나 지지대 등에 붙어 착생하게 된다.

포자를 맺는 엽상체는 사슴뿔과 모양이 흡사한데, 길이는 최대 90cm로 다소 밑으로 처지는 경향이 있으며, 잎 끝의 밑에 갈색의 포자를 만든다.

가꾸기

박쥐란의 뿌리를 직접 물 또는 액체 비료에 담가주거나 화분 채 담가 충분한 수분 상태를 유지해 주는 것이 좋다. 겨울철에는 비료를 주지 않고 물 주는 횟수와 양을 줄인다.

토양은 배수와 통풍이 잘 되는 부식토 등이 적당하다. 깍지벌레가 대표적인 해충이다. 다양한 기후대에 걸쳐 자생하므로(영하 10℃ 지역), 추위와 외풍에 잘 견딘다. 포기나누기나 조직배양으로 번식된다.

(프)테리스

긴 잎의 중앙에 흰무늬가 있는 고사리류

학 명: *Pteris cretica* 'Albolineata'
과 명: 고란초과(Polypodiaceae)
영 명: Cretan brake fern, dish fern,
        table fern
원산지: 전세계 열대 혹은
        아열대 지역
속명의 뜻: 그리스어 고사리(pteris,
        fern)에서 유래

실내에서 이용하는 고사리류 중에서 흔치 않은 무늬종으로, 우리나라의 남부 지방에도 자생하고 있는 '큰봉의꼬리'의 원예 품종이다. 크기가 작고 반음지에서도 아름다운 무늬를 유지할 수 있으므로 소형 화분이나 접시정원, 테라리엄 등에 이용하고 있다.

모양

짧은 뿌리줄기에서 올라온 선형의 엽상체는 중앙에 흰 무늬가 들어 있는 녹색이다.

가꾸기

고온다습한 반음지를 좋아하고 내한성도 있으므로 비교적 기르기에 편리하다. 너무 어두운 곳에 두면 흰 무늬가 없어지므로, 적당한 빛이 있는 곳에 두고 기른다.

추운 겨울철에 물을 너무 많이 주면, 엽상체의 끝에서부터 갈색으로 변색되는 경우가 있으므로 물주기에 유의한다. 별다른 병충해의 피해는 없다. 포자나 포기나누기로 번식한다.

관음죽

갈기갈기 찢겨진 부채살같은 잎을 가진 야자류

학　명 : *Rhapis excelsa*
과　명 : 야자과(Palmae)
영　명 : Bamboo palm,
　　　　　slender lady palm
원산지 : 중국 남부
속명의 뜻 : 그리스어 rhapis(a needle),
　　　　　　잎 끝이 날카로운

　오래전부터 널리 이용해 왔던 실내 관엽식물로서 추위에 강하고 더디게 자라므로 모양이 아담하다. 굵직한 선을 가지고 있어 보통 중·대형 화분에 심는다. 동양 및 현대적인 실내 경관에 잘 어울리는 튼튼한 식물이다.

모양

　줄기는 뿌리줄기에서 올라와 직립하고, 광택이 있는 잎은 약 30cm로 손가락처럼 5~9열로 갈라진다. 잎 끝은 톱니처럼 얇게 갈라져 있다. 실내에서는 2~3m까지 자란다.

가꾸기

　관음죽은 습한 것을 좋아하지만, 화분에 뿌리가 잘 뻗어나가기 위해서는 어느 정도 말라 있는 것이 좋다. 생장기에는 한두 달에 한 번 시비하고 겨울에는 줄인다. 밤에는 비교적 시원한 환경(10℃ 정도)을 좋아한다.

　토양은 배수가 잘 되는 부식토가 적당하다. 빛이 너무 적을 때에는 모양이 나빠진다. 건조할 때 진딧물이나 깍지벌레가 발생한다. 포기나누기나 종자로 번식한다.

▶ *R. humilis*(종려죽)

관음죽보다 잎이 얇고 길게 갈라져
있으며 높이가 4~5m까지 자란다. 내
한성도 비교적 강하다.

▼ *R. excelsa* 'Variegata'(Variegated lady palm)

잎에 세로로 길게 아이보리색의 줄무늬가 있는 품종이다.

루모라고사리

플라스틱 광택의 조화같은 잎을 가진 고사리류

학 명 : *Rumohra adiantiformis*
과 명 : 고란초과(Polypodiaceae)
영 명 : Leather fern,
　　　　leatherleaf fern, Iron fern
별 명 : 레더훤, 노무라고사리
원산지 : 남반구 열대 또는
　　　　아열대 지방

조화처럼 광택이 뚜렷한 짙은 녹색의 잎이 아름다운 고사리류이다. 잎을 잘라 물에 꽂아 두어도 오래가기 때문에 꽃장식에서 자른 잎으로 많이 이용하고 있다.

모양

뿌리줄기가 발달해 있다. 길이가 50~90cm인 엽상체(잎)는 두꺼운 가죽질이고 광택이 있으며, 얇게 갈라져 있어 전체적으로 잘 생긴 침엽수처럼 원추형을 이루고 있다.

가꾸기

다른 고사리류와 같이 내음성이 강한 식물이지만, 컴팩트한 모양을 유지하기 위해서는 적절한 햇빛이 필요하다. 특히 따뜻한 봄철에서 여름철에는 충분한 빛을 받아 새로 올라오는 잎들이 늘어지지 않도록 한다.

5~9월에는 물을 충분히 주고 겨울철에는 줄여 준다. 주로 포기나누기로 번식한다.

아프리칸바이올렛

솜털이 뽀송뽀송한 주걱 잎 사이로 앙증맞은 꽃이 무리지어 피는

학　명: *Saintpaulia ionantha*
과　명: 제스네리아과(Gesneriaceae)
영　명: African violet
별　명: 바이올렛
원산지: 탄자니아
속명의 뜻: 이 식물을 발견한 Walter von Saint Paul-Illaire에서 유래

1892년에 최초로 발견된 이후 꾸준한 교잡과 변이종이 나타나고 있다. 겹꽃이나 풍차 모양으로 서로 다른 색이 나있는 2색종, 무늬종 등이 탄생하여 실내에서 꽃을 연중 볼 수 있는 화분으로 널리 이용되고 있다.

모양

잎은 진한 녹색의 심장형 또는 원형으로, 뿌리나 짧은 줄기에서 나와 둥글게 수평으로 돌려난다. 잎의 기부에서 올라오는 꽃은 보통 자주색에서 파란색 계통이 많으며, 파스텔 톤의 색을 가진 품종들도 있다.

가꾸기

꽃을 피우고 잎의 생장을 위해서 햇빛이 직접 닿지 않는 창가와 같은 밝은 간접 광선 하에서 기른다. 광이 부족하게 되면 엽병이 길어지고, 잎은 작아지며 색이 진해지고, 위로 말리는 현상이 나타난다. 또한 광이 너무 많을 경우 잎과 꽃색이 퇴색된다. 광조건이 맞으면 대부분의 품종이 계절에 상관없이 연중 개화한다.

생육적온은 16~25℃, 습도는 50~60%로 여름철에는 통풍이 잘 되는 시원한 곳에 둔다. 토양은 전용 토양을 이용하거나 배수가 잘 되는 펄라이트와 같은 인공 혼합 토양이 좋다.

미지근한 물을 주며 잎이나 꽃에는 닿지 않게 주의한다. 특히 겨울철 차가운 물로 인해 잎이 갈색으로 변한다. 간혹 솔 등을 이용하여 잎의 솜털을 청소해 주는 것이 좋다. 꽃이 피어있는 동안에는 한 달에 1~2번 비료를 준다.

시클라멘 응애가 어린 잎에 생기고 진딧물, 가루이 등이 가장 많이 발생하는 충해이다. 또한 잎 기부에 부패병 또는 잿빛곰팡이 병이 발생하기도 한다. 주로 잎꽂이로 번식한다.

잎꽂이하여 새 순이 올라오는 모습

▼ 아프리칸바이올렛을 이용한 실내 장식

산세비에리아

땅속에서 솟아 나온 칼날같은 잎에 뱀무늬가 들어있는

학 명 : *Sansevieria trifasciata*
과 명 : 용설란과(Agavaceae)
영 명 : Snake plant,
mother-in-law tongue
원산지 : 남아프리카
속명의 뜻 : 인명 Sanseviero에서 유래

식물 생육에 좋지 않은 실내 환경에서도 잘 견딜 수 있는 매우 강건한 다육식물이다. 품종에 따라 다양한 무늬가 있는 특이한 잎 모양을 관상하기 위해서 실내의 중·소형 화분에서 기른다.

모양

지하의 뿌리줄기에서 올라온 잎은 로제트상으로 나서 위쪽으로 길게 자란다. 선형으로 다육질인 잎은 길이 25~120cm로 연한 회녹색이며, 가로로 녹색의 무늬가 있다. 꽃은 녹색을 띤 흰색으로 총상화서로 달리며 향기가 있다.

가꾸기

다른 식물들이 자라기 어려운 빛이 적은 곳이나 낮은 습도, 너무 덥거나 차가운 바람이 부는 곳에서도 잘 자라는 강건한 다육식물이다. 하지만 적절한 생육을 위해서는 가능한 밝은 곳에서 기르는 것이 좋다.

겨울철에는 물주기량을 줄인다. 토양은 유기질이 혼합된 양토가 좋다. 분갈이는 3년에 한 번 또는 화분에 식물이 꽉 차있을 때 해 준다. 토양에 물이 너무 많으면 잎의 색이 연해지고 심하면 황화된다. 병충해의 피해는 거의 없다.

잎을 약 8cm 정도의 길이로 잘라서 꺾꽂이(잎꽂이)하거나, 뿌리줄기를 포기나누기하여 번식시킨다.

◀ *S. trifasciata* 'Laurentii'
(Variegated snake plant)
다른 종과 특성이 비슷하나 잎
가장자리에 크림색 또는 노란색
의 줄무늬가 있다. 잎꽂이하면 노
란 줄무늬가 없어지므로 포기나
누기로 번식한다.

▶ *S. trifasciata* 'Laurentii Compacta'
'Laurentii' 품종보다 잎이 짧고 넓다.

▲ *S. trifasciata* 'Hahnii'
(Bird's nest sansevieria)
잎 길이가 약 10cm 정도로
짧다.

▲ *S. trifasciata* 'Golden Hahnii'
(Golden bird's nest)
'Hahnii' 품종과 비슷하나, 잎 가장자리
에 크림색 또는 노란색의 줄무늬가 있다.

바위취

순식간에 토양 표면을 가득 덮는 둥근 잎을 가진 자생식물

학 명: *Saxifraga stolonifera*
과 명: 범의귀과(Saxifragaceae)
영 명: Strawberry geranium,
strawberry begonia, creeping sailor,
mother of thousands
별 명: 설하, 설화
원산지: 우리나라를 포함하는
　　　　동아시아
속명의 뜻: 라틴어 saxum(a rock),
frango(to break), 암벽 사이에서 자
라는 습성

　원형의 잎과 포복 줄기, 원추화서로 직립하여 달리는 희고 작은 꽃은 공중걸이 분 용으로 관상가치를 더욱 높여준다. 종명인 'stolonifera'는 포복 줄기(stolon)라는 뜻으로 모주에서 줄기가 뻗어 나와 그곳에서 새로운 포기가 생기는 습성을 나타낸다.
　제라늄이나 베고니아와는 종류나 생육 특성이 전혀 다르지만, 모양이 비슷하므로 'geranium'과 'begonia'라는 영명이 붙었다.

 **모 양**

　잎은 원형 또는 심장형으로 가장자리에 거치가 있다. 크기는 약 10cm로 잎 앞면은 녹색 바탕에 은색의 무늬가 있고, 뒷면은 붉은색을 띤다.
　꽃은 5월경에 높이 20~40cm의 꽃대에서 원추형으로 피며, 흰색 바탕에 분홍색 점무늬가 있다.

 가꾸기

　비교적 환경에 크게 구애받지 않고 잘 자란다. 내음성이 강해 어두운 실내에서도 잘 자라지만, 꽃을 보거나 왕성한 생장을 위해서는 적절한 빛이 필요하다. 토양은 배수가 잘 되는 양토가 좋고 2~3달에 한 번씩 비료를 준다.
　분갈이는 매년 또는 화분에 식물이 가득 찼을 때 한다.

토양에 물이 많으면 잎이 노랗게 되므로 물 주는 양이나 횟수를 줄인다. 잎이 모여 있는 생장점에 잿빛곰팡이 병이 발생할 수도 있으므로, 가능하면 잎에 물이 닿지 않도록 한다.

응애나 화이트플라이 등이 간혹 발생한다. 포기나누기나 포복 줄기의 끝에 달린 새로운 포기를 나누어서 번식한다.

유사종

▼ *S. stolonifera* 'Tricolor'(Magic-carpet saxifraga)

무늬 품종으로 잎색은 진한 녹색과 회녹색, 크림색, 장미빛의 붉은색 등이 섞여 매우 아름답다. 생장력은 원종에 비해서 약하여 무리를 지어 자라기 까지는 많은 시간이 걸린다. 주로 작은 화분에 심어 기른다.

쉐플레라

둥그란 작은 잎들이 강강수월래 하듯 모여있는

학 명: *Schefflera arboricola*
　　　　'Hong Kong'
과 명: 두릅나무과(Araliaceae)
영 명: Umbrella tree
별 명: 홍콩야자
원산지: 동남 아시아 자생종의
　　　　원예 품종
속명의 뜻: 인명 Scheffler에서 유래

보통 개업식 화분이나 빌딩의 현관에서 많이 이용되어 주변에서 흔히 볼 수 있는 실내 관엽식물이다. 최근에는 지주를 세워 쭉 뻗은 세 그루 이상을 하나의 큰 화분에 심기도 한다.

모양

줄기에서 길게 나온 잎자루를 중심으로 작고 둥근 잎들이 7개 이상 둥글게 모여 난다. 원종은 잎 끝이 뾰족한 반면, 이 품종은 잎 끝이 둥글어 부드러운 느낌을 주므로 널리 이용하고 있다. 줄기는 자라면서 밑에서부터 목질화된다.

가꾸기

빛을 좋아하므로 너무 어두운 곳에 두면 잎자루가 길어지면서 보기 흉해진다. 일반적으로 20℃ 이상의 온도에서 잘 자라고 겨울철에는 10℃ 이상을 유지해 준다. 가능하면 고온다습한 환경을 유지하는 것이 좋다.

건조할 때 깍지벌레가 발생한다. 여름철 새로 나오는 잎에 진딧물이 간혹 생긴다. 줄기꽂이나 공중떼기로 번식한다.

▶ *S. arboricola*
  'Hong Kong Variegata'
  잎에 불규칙한 노란색 무늬가
  있는 품종

▶ *S. arboricola*
  원종으로 잎 끝이 뾰족하다.

▶ *S. actinophylla*
  대엽쉐플레라. 일반 쉐플레라
  보다 잎이 2배 이상 크고 색이
  진한 종류이다.

게발선인장

게의 다리같은 줄기 끝에 달리는 선홍색 꽃의 아름다움

학   명: *Schlumbergera* spp.
과   명: 선인장과(Cactaceae)
영   명: Christmas cactus
원산지: 브라질
속명의 뜻: 인명 **Schlumberger**에서
            유래

줄기가 특이한 모양을 한 다육식물로, 주로 겨울철에 피는 화려한 꽃을 감상하기 위해 공중걸이 분이나 작은 화분에서 기른다.

모양　원산지에서는 나무의 등걸에 붙어 자라는 착생 선인장류로, 줄기는 편평한 녹색으로 분지를 많이 하며 잎은 없다. 분지된 줄기들은 여러 방향으로 퍼지면서 아치 모양으로 휘어진다.

줄기 전체는 보통 길이 30cm 정도, 폭은 1.2~2.5cm로, 5cm 길이의 작은 줄기들이 연결되어 있으며, 작은 줄기에는 2~3개의 톱니가 있다.

보통 크리스마스 전후로 온도와 일장에 반응하여, 줄기의 끝에서 선홍색의 꽃이 핀다.

가꾸기　게발선인장은 저온기와 저습기라는 두 번의 휴식기가 있어야 한다. 개화 후 2개월 동안 추울 때는 월 1~2회 정도 물을 주면서 휴식기를 갖고, 고온다습한 여름철에는 물과 비료를 적게 주면서 휴식기를 갖도록 해야 꽃이 잘 핀다.

토양은 배수가 잘 되는 부식토가 적당하며, 생장기에는 수분을 유지해 주어야 하고 휴식기에는 건조한 상태로 유지한다. 생장기에는 2~4주에 한 번씩 비료를 준다.

휴식기에 수분을 과다 공급하면 뿌리가 썩게 된다. 간혹 응애나 깍지벌레 등이 생긴다. 주로 3~5개의 마디를 포함한 줄기를 꺾꽂이하여 번식한다. 다른 선인장류와는 달리, 자른 후 즉시 꺾꽂이하는 것이 뿌리가 나고 활착하는 데 좋다.

세네시오

삼각형 잎의 가장자리에 크림색 무늬가 들어간 덩굴식물

학 명: *Senecio macroglossus*
　　　　　'Variegatum'
과 명: 국화과(Compositae)
영 명: Variegated wax vine
원산지: 남아프리카
속명의 뜻: 라틴어 senex(an old man),
하얀 솜털이 있는 종자 모양에서 유래

덩굴성 식물이므로 공중걸이 분이나 지주를 세운 중형 화분에서 기르는 실내 관엽식물로, 광택있는 삼각형의 잎에 크림색 무늬가 있어 아름답다.

모양　줄기는 덩굴성으로 자주빛이 돌고, 잎은 삼각형 또는 아이비 잎 모양으로 부드러운 녹색이며, 가장자리에 크림색 무늬가 있다.

가꾸기　빛이 부족하면 덩굴이 길게 자라 모양이 나빠지므로 순지르기를 자주 한다. 토양은 양토가 적당하며 배수에 유의한다. 비료는 생장이 활발한 시기에 1~2개월에 한 번 준다. 2년마다 분갈이를 해 준다. 건조할 때 새로 나오는 부드러운 잎에 진딧물이 발생하기 쉽다. 주로 줄기꽂이로 번식한다.

유사종

▼ *S. rowleyanus*(String of beads, bead vine; 녹영, 방울선인장)
　소형 덩굴식물로 주로 공중걸이 분에 심어 기른다. 잎은 밝은 녹색으로 진주알처럼 둥글게 생겼으며 반투명의 얇은 선이 있다. 줄기는 60cm 이상까지 길게 늘어진다.

▶ *S. radicans*
잎의 모양이 작은 바나나처럼 생겼다.

백정화

광택있는 짙은 녹색 잎의 주맥과 가장자리에 흰색 무늬가 있는

학　명: *Serrisa foetida* cv.
과　명: 꼭두서니과(Rubiaceae)
영　명: Serrisa
원산지: 동남아시아 원산 식물의
　　　　무늬종
속명의 뜻: 인도명 혹은
　　　　　　인명 Serissa에서 유래

　한자 丁(정)자 모양의 흰 꽃이 핀다고 해서 백정화(白丁花)라는 이름이 붙은 늘푸른 작은 나무로, 우리나라의 중부지방에서는 작은 화분에 심어 실내 관엽식물로 기르지만, 남부 해안지방에서는 화단의 생울타리로 심고 있다.

모 양

　줄기는 직립하고 밑에서부터 줄기가 많이 난다. 잎은 타원형으로 마주나고 길이 1~2cm 정도로 작다. 짙은 녹색 바탕에 주맥과 밋밋한 잎 가장자리에 흰색 무늬가 있다. 꽃은 흰색 또는 연분홍색으로 5장의 꽃잎이 깔때기 모양으로 붙어서 핀다.

가꾸기

　아름다운 잎의 무늬를 유지하면서 컴팩트한 모양으로 만들기 위해서는 빛이 많은 곳에서 기른다. 새로운 눈이 잘 나오므로 가지치기하여 알맞은 모양으로 가꿀 수 있다.
　5~10월에 줄기꽂이나 포기나누기로 번식한다.

베이비스티어

정말 아기 눈물처럼 조그만 잎을 가진

학　명 : *Soleirolia soleirolii*
과　명 : 쐐기풀과(Urticaceae)
영　명 : Baby's tears
원산지 : 지중해 서부의 도서 지역,
　　　　이탈리아
속명의 뜻 : 인명 Soleirol에서 유래

　덩굴성으로 높은 습도를 요구하기 때문에 온실 또는 테라리엄, 접시정원 등에서 토양을 푸르게 뒤덮기에 좋은 실내 관엽식물이다.

모양

　줄기는 덩굴성으로 옆으로 자라면서 뿌리를 잘 낸다. 잎은 원형으로 매우 작고 (0.6cm 정도), 꽃의 크기도 매우 작은데 밝은 곳에서 키워야 녹색의 꽃이 핀다. 토양에 바짝 붙어서 자라는 모습이 아름답다.

가꾸기

　토양 내부의 수분 상태와 습도를 충분히 유지해 주어야 한다. 습도 및 수분이 부족할 경우 시들거나 말라 잎이 상하기 쉽다. 2~4개월에 한 번 정도 비료를 준다. 순지르기하여 잎을 많이 내도록 한다. 부식토가 적당하며 유기물이 풍부한 토양이 좋다.
　포기나누기나 줄기꽂이로 쉽게 번식시킬 수 있다.

스파티필룸

불꽃 모양의 화사한 순백색 포엽이 아름다운

학　명: *Spathiphyllum* spp.
과　명: 천남성과(Araceae)
영　명: Peace lily, white anthurium
원산지: 열대 아메리카
속명의　뜻: 그리스어 spathe(불염
포), phyllon(a leaf), 잎모양의 포엽
에서 유래

　꽃이 핀 후 하얀 포엽(불염포)을 오랫동안 감상할 수 있기 때문에 어린 식물은
작은 분화용으로, 큰 식물은 단일 화분의 장식용 또는 실내 정원의
장식용으로 많이 이용되고 있다.

모양

　잎은 긴 잎자루에 달리며 길이는 약 30cm, 폭은
5cm로 타원형이고, 잎색은 진한 녹색으로 광택이
있다. 꽃은 흰색의 육수화서이고 그것을 둘러싼 포
엽(불염포)도 흰색으로 길이는 10~15cm이다.

가꾸기

　낮은 습도와 음지에서도 비교적 잘 견딜 뿐만 아니라
꽃도 오랫동안 피어 있다. 꽃을 많이 피우기 위해서는
어느 정도 밝은 실내에 두어야 한다. 배수가 잘 되는 토양이 적당하며, 항상 수분
을 유지해 주는 것이 좋다. 겨울철에도 12℃ 이상을 유지해 주어야 한다.
　심각한 충해는 없으나 수분 공급이 과다하거나 과습한 경우, 잎에 반점이 생
기거나 엽고병, 탄저병 등이 발생할 수 있다. 포기나누기나 종자, 조직배양으로
번식한다.

싱고니움

화살촉같은 잎모양을 가진 귀엽고 단정한 덩굴식물

학 명: *Syngonium podophyllum* 'Pixie'

과 명: 천남성과(Araceae)

영 명: Nephthytis, arrowhead vine

원산지: 열대 아메리카

속명의 뜻: 그리스어 syn(together), gone(womb), 자방이 합쳐 있는

화살촉 모양의 단정한 유년상 잎에 아름다운 무늬가 있어 다양하게 이용할 수 있는 대표적인 덩굴성 실내 관엽식물이다.

모양

유년상일 때는 녹색 바탕에 잎맥을 따라 멋진 크림색 무늬가 있는 화살촉 모양의 잎을 지니고 있다. 성년상의 성엽이 되면 잎이 커지고 깊게 갈라져서 귀엽고 단정한 모습이 사라지므로, 주로 유년상의 잎을 가진 줄기를 기른다.

일반적으로 습할 때에는 마디에서 기근이 나온다. 어린 상태에서는 줄기가 그다지 길게 자라지 않아 아담한 모양을 이룬다.

가꾸기

다양한 토양에서는 물론, 물에서도 잘 자란다. 습하고 물이 충분한 토양과 18℃ 이상의 야간 온도가 최적의 생육 장소이다. 빛이 적은 곳에서도 잘 자라지만 다소 줄기가 길어지고 잎의 무늬가 없어지게 된다.

해충에 의한 피해는 거의 나타나지 않는다. 농장에서 생산할 때는 습도나 수분이 많을 때 잎이 썩거나 마르고 반점 등이 발생하나, 실내에서 기를 때는 큰 문제가 되지 않는다. 아랫부분의 유년상 줄기에서 두마디 이상을 포함한 줄기를 꺾꽂이하여 번식한다.

싱고니움의 물가꾸기

유사종

▶ *S. podophyllum* 'Emerald Gem'
   (Emerald gem nephthytis)

   잎의 전면에 불규칙한 크림색 무늬가
있는 품종이다.

▼ *S. xanthophyllum*

   (Greengold nephthytis)

   어린 잎은 연두색으로 화살촉 모양이
며 잎의 기부에 양쪽으로 두 개의 긴 돌출
부가 있다.

▼ *S. wendlandii*

   잎 표면은 전체적인 벨벳 질감으로 짙
은 녹색 바탕에 주맥을 따라 흰색 무늬가
있다.

틸란드시아

분홍색의 아름다운 꽃대와 그 사이에 피는 3장의 보라색 꽃잎

학　명: *Tillandsia cyanea*
과　명: 파인애플과(Bromeliaceae)
영　명: Tillandsia
별　명: 틸란
원산지: 열대 아메리카
속명의 뜻: 인명 Elias Til-Landz에서 유래

　원산지에서는 나무등걸에 붙어서 자라는 착생식물로, 아름다운 꽃대를 감상하기 위해 주로 공중걸이 분에 심어서 이용한다.

모양　꽃이 아름다운 소형 착생식물로 잎의 길이는 30cm, 폭은 1cm로 정도 다소 두껍고 가장자리가 안쪽으로 말려 있다. 꽃대는 잎의 기부에서 올라오며 분홍색의 포 사이에 보라색의 꽃이 밑에서부터 차례로 피는데 오래가지는 않는다. 꽃대는 1개월 이상 유지된다. 습도가 높은 곳에서 생육이 좋고 꽃도 잘 핀다.

가꾸기　실내의 밝은 반음지에서 기른다. 물은 위에서 뿌려주어 잎과 잎 사이의 홈에 고였다가 서서히 토양에 흐르게 한다. 추운 겨울철을 제외하고는 월 1~2회 액체비료를 준다. 심각한 병충해는 없다. 뿌리에서 올라온 포기를 나누어 번식한다.

유사종

◀ *T. usneoides*
　뿌리없이 잎을 통해 공기 중의 수분을 흡수하는 종류이다.

파기백

잎자루와 잎몸 사이에 어린 모종이 저절로 생기는

학　명 : *Tolmiea menziesii*
과　명 : 범의귀과(Saxifragaceae)
영　명 : Piggyback plant,
　　　　pickaback plant
원산지 : 북아메리카
속명의　뜻 : 인명 Tolmie에서 유래

　습한 실내에 두고 기르면 순식간에 토양을 뒤덮을 정도로 번식력이 왕성한 식물로 내음성도 강한 편이다.

모양

　잎은 얇고 연한 녹색으로 여러 갈래로 갈라져 있고, 가장자리에 불규칙한 거치가 있다. 잎자루와 잎몸 사이에 어린 모종이 저절로 생기는 특이한 식물이다. 열대가 원산인 대부분의 다른 관엽식물과는 달리 원산지가 미국과 캐나다로 높이는 15~20cm, 폭은 30~38cm 정도로 자란다.

가꾸기

　어두운 실내에서도 비교적 잘 자란다. 토양은 양토가 적당하며 비료는 1~2달마다 준다. 새로운 잎을 내기 위해서 오래된 잎은 잘라준다. 빛이 부족하면 잎자루가 길어져 엉성해진다.

　습도가 낮거나 추울 경우 잎 가장자리가 마른다. 응애나 진딧물 등이 잎겨드랑이에 간혹 생기기도 한다. 꺾꽂이나 잎 위에 생긴 어린 포기를 심어 번식시킨다.

트라데스칸디아

연한 녹색의 둥근 잎에 세로로 크림색 줄무늬

학　명: *Tradescantia fluminensis* 'Variegata'
과　명: 닭의장풀과(Commelinaceae)
영　명: Variegated wandering Jew, speed Henry
별　명: 달개비
원산지: 남아프리카
속명의 뜻: 인명 Tradescant에서 유래

　상업적으로 이용되기 오래전부터 기르던 사람들끼리 꺾꽂이를 통해 서로 주고 받아왔던 식물이다. 이스라엘이 탄생하기 이전에 유럽에서 집없이 떠돌던 유대인들을 빗댄 영명이 붙었다. 꺾꽂이를 통해서 쉽게 번식되므로 공중걸이 분에 심어 기르는 실내 관엽식물이다.

모양

　줄기는 덩굴성이고, 난형의 잎은 광택이 있으며, 길이는 약 3.5~4cm이다. 잎에는 녹색과 노란색 또는 녹색와 크림색이 섞여 있다. 올해 자란 줄기 끝에 3장의 하얀 꽃이 피는데 오래가지는 못한다.

가꾸기

　간접광선 하에서 길러야 잎색을 좋게 유지할 수 있다. 오래 키우면 줄기가 자라면서 밑의 잎들은 시들어 떨어지므로, 주기적으로 꺾꽂이를 통하여 화분을 갱신하는 것이 좋다. 빛이 들어오는 실내에서 길러야 잎이 커지게 되고 빽빽이 자란다. 토양이 어느 정도 마른 다음에 물을 주어야 뿌리가 썩는 것을 막을 수 있는데 특히 겨울철에는 주의한다. 비료는 한 달에 한두 번씩 주는 것이 좋다. 밤기온은 10℃ 이상을 유지해야 한다.

　유년기 때는 소형 분화식물로 잘 어울리나 자라면서 공중걸이 분에서 이용한다. 깍지벌레나 선충류 등이 발생한다. 부패병, 잎의 반점병, 엽고병 등의 병이 발생할 수도 있으므로 적절히 물을 주어야 한다. 꺾꽂이로 쉽게 번식할 수 있다.

브리시아

광택있는 짙은 녹색의 잎 가운데에서 올라오는 선홍색의 꽃대

학　명: *Vriesea x poelmanii*
과　명: 파인애플과(Bromeliaceae)
영　명: Vriesea
별　명: 잉꼬아나나스
원산지: 열대 아메리카 원산 식물의
　　　　원예 품종
속명의 뜻: 인명 Vriese에서 유래

녹색의 잎과 선홍색 꽃대의 대비가 아름다워 기르고 있는 실내 식물이다. 원산지에서는 착생식물인데 꽃대의 모양이나 색이 다양한 교배 품종들이 있다.

모양　짙은 녹색에 광택이 있는 잎은 길이가 25~30cm, 폭은 3~4cm이다. 높이 20~30cm 정도까지 자란다. 꽃대는 30cm 내외로, 포엽은 간혹 선홍색으로 분지하기도 한다. 포엽 사이에서 노란색 꽃이 밑에서부터 핀다. 뿌리에서 포기가 비교적 잘 나오는 품종이다.

가꾸기　보통 25℃ 이상에서 자라다가 20℃ 이하가 되는 가을철에 꽃눈이 생겨 겨울철에 꽃이 피지만, 최근에는 식물 호르몬인 에틸렌 발생제를 인위적으로 처리하여 계절이나 온도에 상관없이 꽃을 피우고 있다. 심각한 병충해의 피해는 없다. 꽃이 지고 나면 뿌리에서 새로운 포기가 나오므로 뿌리와 함께 잘라 새로운 화분에 심어 기른다.

유사종

▶ *V. splendens*
녹색의 잎에 가로로 호랑이 무늬처럼 암갈색의 무늬가 있는 종류이다. 칼날같이 긴 붉은색의 한 줄기 꽃대가 올라와 아름답다.

유 카

굵은 나무 윗부분에서 다발로 나온 가죽질의 긴 잎

학 명: *Yucca elephantipes*
과 명: 용설란과(Agavaceae)
영 명: Spineless yucca
원산지: 멕시코
속명의 뜻: 식물의 카리브명에서
          유래

식물 환경이 좋지 않은 곳에서도 잘 자라는 식물로, 그 외의 유카 속 식물도 실내외에서 매우 강건하기로 유명하다.

모양

밝은 녹색의 잎은 선형으로 가죽질이다. 밝은 곳에서 오랫동안 기르면 줄기 끝에서 흰 꽃이 화서로 핀다. 줄기는 자라면서 직립하고 목질화된다.

보통 드라세나와 혼동하기 쉬운데, 드라세나는 보통 잎에 다양한 무늬가 있고 유카보다 잎이 부드럽다.

가꾸기

실내의 온도나 햇빛, 습도 등에 관계없이 잘 자란다. 직접광선 하에서 생장에 가장 좋지만 매우 어두운 실내에서도 견딜 수 있다. 밑의 마른 잎을 제거하는 정도 외에는 별다른 관리가 필요없다. 한창 자랄 때에 연중 2~3번 비료를 준다. 깍지벌레나 잎반점이 간혹 나타나지만 큰 문제가 되지 않는다.

주로 잎이 없는 줄기 토막을 잘라 꺾꽂이하여 번식한다.

유사종

◀ 실외의 화단에서 기르는
   무자유카(좌)와 실유카(우)

멕시코소철

마치 소철같은 잎이 작은 갈색 털로 덮혀 있는

학　명: *Zamia pumila*
과　명: 멕시코소철과(Zamiaceae)
영　명: Florida arrowroot,
　　　　Sago cycas
원산지: 플로리다에서 멕시코

　보통은 소형 화분에 어린 포기를 심어 기르지만, 식물원에서는 폭 1m 이상으로 자란다.

모 양

　소철과 같이 덩기처럼 생긴 줄기에서 단단한 가죽질의 잎이 옆으로 퍼지며 나오는데, 길이는 60~120cm이다. 소엽은 갈색 털로 덮여있다.

가꾸기

　빛이 충분한 실내에서 기른다. 비교적 건조에 강한 식물로 토양 표면이 충분히 마른 후에 물을 준다. 종자나 포기나누기로 번식한다.

 **제브리나**

두 갈래의 흰 무늬가 있는 자주색 잎의 덩굴식물

학　명 : *Zebrina pendula*
과　명 : 닭의장풀과(Commelinaceae)
영　명 : Wandering Jew, inch plant
별　명 : 달개비
원산지 : 멕시코
속명의 뜻 : zebra(얼룩말), 줄무늬가
　　　　　있는 잎에서 유래

　트라데스칸디아와 영명이 같을 정도로 모양이나 생육습성이 유사한 식물로, 잎이 좀더 크고 자주색의 멋진 무늬가 있는 특징으로 구별된다. 주로 공중걸이분에서 이용한다.

모양

　줄기는 덩굴성으로 연약하다. 잎은 길이 5cm 정도로, 앞면은 자주색 바탕에 세로로 두 갈래의 흰 무늬가 있고 뒷면은 밝은 자주색이다. 핑크색에 가까운 꽃이 줄기 끝에서 핀다.

가꾸기

　자주 줄기 끝을 잘라 줄기를 많이 내어 치밀한 모양을 만든다. 최소한 10℃ 이상은 되어야 생장할 수 있다. 생장기에는 한 달에 1~2번 정도 비료를 준다.
　트라데스칸디아와 같이 오랫동안 기르면 밑의 잎이 떨어지므로 꺾꽂이로 갱신시켜 주어야 한다. 온도가 낮을 때 물을 너무 과도하게 주면 잎에 병반이 생기기도 한다. 순지르기한 줄기를 물이나 토양에 꺾꽂이하여 쉽게 번식시킬 수 있다.

실내식물의 대표적인 과

분류학적으로 유사한 식물을 묶어 놓은 것을 科(family)라고 한다. 보통 같은 과의 식물들은 모양이나 자라나는 습성이 유사하여 한데 묶어서 이해하면 편리한 경우가 많다.

실내식물로 많이 이용되는 과로는 천남성과, 야자과, 두릅나무과, 고란초과, 파인애플과 등이 있는데, 이들의 모양 및 가꾸기 특징은 다음과 같다.

✻ 천남성과(Araceae)

주로 열대나 아열대 원산으로, 아름다운 모양이나 무늬를 가진 유년상의 잎을 관상하기 위해서 기르는 많은 관엽식물이 이에 속한다. 외떡잎식물로 고온다습한 환경을 좋아하여 추위에는 비교적 약한 편이다.

천남성과의 꽃은 육수화서 형태로 피며, 안시리움이나 스파티필룸은 꽃이 아름다워서 기르기도 한다. 덩굴성 식물이 많고 주로 꺾꽂이로 번식한다.

식물체내에 칼슘 옥살레이트라고 하는 바늘과 같은 작은 결정체가 있어서, 줄기나 잎의 자른 면이 피부에 닿거나 먹었을 경우 가려움이나 심한 통증을 일으킬 수 있다.

▼ 대표적인 종류

아글라오네마(*Aglaonema*)

알로카시아(*Alocasia*)

안스리움(*Anthurium*)

칼라디움(*Caladium*)

디펜바키아(*Dieffenbachia*)

스킨답서스(*Epipremnum*)

몬스테라(*Monstera*)

필로덴드론(*Philodendron*)

스파티필룸(*Spathiphyllum*)

싱고니움(*Syngonium*)

129

✱ 야자과(Palmae)

외떡잎식물에 속하지만 목부가 비정상적인 2차 생장을 하므로 나무의 형태로 발달한다. 보통 깃털이나 손가락 모양으로 갈라진 큰 잎으로 이국적인 풍경을 연출하는 데 이용되고 있다.

추위에는 비교적 강한 편으로, 낮은 습도에서도 견딜 수는 있지만 잘 자라기 위해서는 습도를 높여주는 것이 좋다. 대부분 종자로 번식한다.

▼ 대표적인 종류

공작야자(*Caryota*)

테이블야자(*Chamaedorea*)

켄챠야자(*Howea*)

아레카야자(*Chrysalidocarpus*)

관음죽(*Rhapis*)

❋ 두릅나무과(Araliaceae)

주로 나무로 발달하는 쌍떡잎식물로서, 인삼이 속한 과이기 때문에 뿌리에서 인삼과 유사한 냄새가 난다.

잎은 보통 손가락 모양으로 나누어져 있거나 갈라진 특징이 있다. 대부분 꺾꽂이가 잘 되므로 번식에 이용된다.

▼ 대표적인 종류

디지고데카(*Dizygotheca*)

팻츠헤데라(X *Fatshedera*)

팔손이나무(*Fatsia*)

아이비(*Hedera*)

쉐플레라(*Schefflera*)

✲ 고란초과(Polypodiaceae)

음지에서도 잘 자라는 고사리류로, 잎으로 보이는 부분은 원래 엽상체라고 하는 기관이다. 주로 엽상체의 밑에 달리는 포자로 번식한다.

▼ 대표적인 종류

아디안텀(*Adiantum*)

아스플레니움(*Asplenium*)

보스턴고사리(*Nephrolepis*)

박쥐란(*Platycerium*)

(프)테리스(*Pteris*)

루모라고사리(*Rumohra*)

✳ 파인애플 과(Bromeliaceae)

흔히 아나나스라고 불리는 외떡잎식물에 속한 착생식물로, 열대나 아열대 원산지에서는 나무등걸이나 바위에 붙어서 자란다. 잎은 줄기없이 뿌리에서 뭉쳐 나오는데, 잎의 가장자리가 위로 휘어서 잎이 모여있는 기부에는 물이 고여 있을 수 있다.

주로 화려한 포엽 또는 무늬가 있는 잎을 감상하기 위해서 기르고 있다. 보통 포기나누기로 번식한다.

▼ 대표적인 종류

에크메아(*Aechmea*)

구즈마니아(*Guzmania*)

네오레겔리아(*Neoregelia*)

브리시아(*Vriesea*)

틸란드시아(*Tillandsia*)

실내에서 식물 가꾸기

　실내식물이란 주로 실내에서 화분 등을 이용하여 연중 잎이나 꽃, 열매를 감상하기 위해 기르는 열대 또는 아열대 원산의 식물을 총칭한다. 그런데 지구상 어디에도 인공 환경 하에서 자연적으로 자라는 식물은 없으므로, 가꿀 때 각각의 식물이 자라던 자연 환경과 유사한 조건을 만들어 주어야 잘 자랄 것이다.

　따라서 다른 식물과 마찬가지로 실내식물을 가꿀 때 대상 식물이 좋아하는 환경을 이해하는 것이 무엇보다도 우선 알아 두어야 할 사항이다.

　하지만 흔히 실내에서 식물을 처음 가꾸려고 하는 이들이 가장 먼저 부딪히는 문제는 자신이 기르는 식물이 과연 어떠한 환경을 좋아하는지 알 수 없다는 점이다.

　물론 식물을 가꿀 때 처음부터 그 식물에 대한 지식을 모두 가지고 시작하면 좋겠지만, 식물을 가꾸면서 많은 부분을 경험적으로 터득하는 경우가 오히려 일반적이다. 식물을 가꾸면서 식물과 꾸준한 대화와 교류를 통해 논리적으로 식물을 이해하는 경험 과정은 식물뿐만 아니라 인간의 추상적, 실제적 생활에 도움을 준다.

　어렸을 때부터 식물을 관찰하거나 식물을 직접 길러 보는 것은 단순히 생물로서의 식물에 대한 지식을 터득하는 과정뿐만 아니라, 생물과 교류하는 방법에 대한 이해와 식물의 반응에 대한 논리적인 생각, 그에 따른 합당한 문제 해결 능력을 기르는 과정으로서 중요하다.

　현재 우리가 주변에서 가꾸고 있는 식물은 대부분 전세계에 걸쳐 자라던 식물을 도입하여 이용하고 있는 것이므로 각각의 식물이 필요로 하는 환경이 다를 수밖에 없다. 예를 들어 열대의 우림에서 자라던 스킨답서스와 같은 관엽식물은 습하고 높은 온도에서 잘 자라는 반면에, 시클라멘과 같이 온대지방에서 자라던 식물은 온도가 너무 높거나 습하면 썩게 된다.

열대지방 원산의 스킨답서스는 우리나라의 무더운 여름철에 잘 자란다.

온대지방 원산의 시클라멘은 서늘한 봄이나 가을, 난방을 하는 겨울철 햇빛이 잘 드는 곳에서 잘 자란다.

　식물의 형태는 원산지에 따라 다소 다르다. 습하고 연중 따뜻한 열대나 아열대 원산의 식물은 보통 잎이 넓고 아름다운 반면, 비교적 건조하고 일정 기간 동안 추위가 있는 온대 원산의 식물은 잎이 비교적 작고 두툼하며, 꽃이 피는 식물의 경우에는 작은 꽃들이 일제히 아름답게 피게 된다. 이와 같이 식물의 모양을 바탕으로 개략적인 대상 식물의 환경을 이해하는 것이 식물을 가꾸는 시발점이 될 것이다.

　여기서 한가지 분명히 해 둘 것은 흔히 열대나 아열대 원산의 식물을 이야기하면 태양이 작열하는 열대 지방을 연상하기 쉽지만, 우리가 실내에서 이용하는 열대나 아열대 원산의 식물은 대부분 열대우림이나 큰 나무의 밑에서 자라는 식물이었기 때문에 오히려 온대 원산의 식물보다 빛을 적게 필요로 한다는 점이다.

　결국 실내식물을 잘 가꾸기 위해서는 원산지와 유사한 그들이 요구하는 적절한 환경을 제공해 주는 것이 가장 기본적인 관리이다. 이것만 적절히 제공해 주면 식물은 그 주어진 환경에서 적응하면서 자라므로, 상대적으로 병충해 방제나 가지치기와 같은 다른 관리 작업이 줄어들어 식물 가꾸기의 즐거움을 더욱 손쉽게 느낄 수 있을 것이다.

빛

빛은 태양에서 지구로 도달하는 일종의 에너지로서 다양한 파장으로 구성되어 있다. 식물은 빛 중에서도 붉은색 계통의 파장을 흡수하여 광합성에 이용하고, 녹색 계통의 파장은 반사하기 때문에 우리가 식물을 녹색으로 느끼는 것이다. 대부분의 식물은 자신이 살아가는 데 필요한 양분(탄수화물)을 만들기 위해 반드시 빛이 있는 곳에서 자라야 한다.

비교적 빛이 적어도 잘 자라는 파키라이지만, 너무 어두운 곳에서는 줄기가 길어져 모양이 엉성해 진다.

식물은 다른 환경과 마찬가지로 빛에 대한 요구도가 각각 다른데, 이것은 원래 자라던 곳의 빛이 각기 다르기 때문이다. 따라서 실내에서 식물을 가꿀 때 자신이 필요로 하는 것보다 빛이 적은 곳에서는 줄기가 길어지고 잎 면적이 넓어지게 된다. 이것은 어두운 곳에서 빨리 벗어나 빛이 많은 곳을 찾는 본능적인 표현이라고 할 수 있다.

실내는 보통 밝은 창가라 하더라도 실외보다 10배 또는 그 이상으로 빛이 적으므로, 실내에서 식물을 가꾸는 데 가장 중요한 요인은 빛이라고 할 수 있다. 실내에서 식물을 가꾸는 많은 집에서 빛이 가장 잘 드는 창가를 이용하는 이유가 바로 여기에 있다.

이때 실내의 창가를 태양이라고 한다면, 창가에서 어느 정도 떨어진 "가"라는 위치보다 2배 멀리 떨어져 있는 "나"에서의 빛의 양은 1/4로 줄어든다. 따라서 실내에서 식물을 가꿀 때 창가에서 조금만 멀리 있어도 줄기가 길어지고 잎이 떨어지기 시작하는 이유를 알 수 있을 것이다. 즉, 그들은 빛이 부족한 것이다. 실제 1m 정도의 차이만으로도 엄청난 결과를 가져온다.

이 책에서는 실내식물이 빛을 필요로 하는 정도를 크게 세 가지로 나누어 표시하였다.

상: 강한 빛

이 식물은 매일 많은 양의 직접광선을 견딜 수 있다. 따라서 남쪽 방향의 창가에 두는 것이 좋다.

중: 반양지

이 식물은 빛을 많이 필요로 하지만 12시부터 오후 3시까지의 강한 빛으로부터는 보호해 주어야 한다. 따라서 남쪽 창가의 경우에는 커튼이나 블라인드 등으로 차광해 주어야 한다. 아니면 12시경쯤 햇빛이 사라지는 동쪽 창가나 오후 늦게 햇빛이 들어오는 서쪽 창가에 두는 것도 한 방법이다.

하: 음지

이 식물은 직사광선에 노출되어서는 안되며, 특히 여름철의 강한 햇빛은 피해야 한다. 북쪽 창가나 밝은 방안에 둔다. 하지만 너무 어두운 장소는 피하는 것이 좋다.

한편 낮의 길이도 식물의 생장에 영향을 준다. 겨울철에는 낮의 길이가 상당히 짧아지고 구름 낀 날도 많다. 따라서 여름철에 충분한 양의 빛을 받던 식물의 경우에는 겨울철에 햇빛 부족을 겪게 될 것이다. 따라서 가능하다면 겨울철에는 다른 계절보다 빛이 좀더 많은 곳에 두는 것이 좋다. 또는 낮은 온도 조건에서는 오히려 더욱 적은 빛을 주어 쉬게 하는 것도 좋다. 식물에 따라서는 휴면기가 필요한 경우가 있기 때문이다.

낮의 길이는 꽃 피는 시기나 식물의 생장에 영향을 주는데, 보통의 실내식물은 낮이 길 때 몸을 키우는 생장이나 번식이 가능하다. 단일식물은 낮의 길이가 12시간보다 짧을 때 꽃눈을 만든다. 꽃 생산자들은 이러한 식물의 성질을 이용해서 인공광을 주거나 차광하여 포인세티아나 국화를 제때가 아닌 시기에도 우리에게 선사하고 있다.

한편 장일식물은 낮의 길이가 12시간 이상일 때 꽃봉오리가 만들어진다. 이 경우도 마찬가지로 꽃 생산자들은 인공광 처리를 통하여 이른 봄에 꽃을 볼 수 있게 해 준다.

일반적으로 잎이 얇고 넓은 식물은 빛을 적게 요구하고, 잎이 비교적 두껍고 작은 식물은 빛을 많이 요구한다. 잎에 무늬가 있는 식물은 그렇지 않은 경우보다 빛을 많이 필요로 하며, 빛이 적을 경우에는 잎의 무늬가 없어진다. 또한 같은 경우일 때 꽃이 아름다운 식물이 그렇지 않은 식물보다 빛을 많이 필요로 한다.

식물이 필요로 하는 양보다 빛이 적을 때는 잎과 잎 사이의 마디가 길어지고 잎의 넓어지며 좀더 짙은 색이 된다. 이것이 오랫동안 방치되거나 더욱 빛이 적을 때는 식물이 더 이상 자라지 않게 되고, 꽃봉오리가 있는 경우에는 꽃이 피지 않고 떨어진다.

따라서 실내에서 식물을 가꾸는 데 경험이 많은 이들은 줄기의 마디가 너무 길어지거나 꽃을 피우는 식물이 꽃을 피우지 않거나 꽃봉오리가 달려도 잘 피지 않거나 꽃의 희미하게 필 경우, 물이나 비료가 적다고 생각하기에 앞서 빛이 문제라는 것을 눈치채게 된다.

온 도

온도는 생명체내에서 물질을 만들거나 이용하는 데 관여하는 화학반응의 속도를 결정하는 요인으로, 유달리 서늘한 곳을 좋아하는 식물을 제외한 일반적인 실내식물의 경우, 30℃까지는 온도가 올라감에 따라 이러한 화학반응의 속도가 빨라져서 생장이 촉진된다.

비교적 추위에 강한 관음죽이라도 10월부터는 실내에서 길러야 한다.

따라서 열대나 아열대 지방이 원산지인 비교적 잎이 얇고 넓은 실내 관엽식물은 상대습도가 높고 온도가 일정하게 높은 것을 좋아하므로, 우리나라의 5~9월까지는 잘 자란다. 그런데 우리나라와 같이 겨울철에 추운 온대지방의 경우에는, 실내라 하더라도 기온이 10℃ 이하까지 내려가므로 식물에 따라서는 정상적으로 자라지 못하거나 심하면 죽는 경우가 있어 많은 가정에서 겨울철 추위로 실내식물을 죽이게 된다.

이 책에서는 실내식물이 추위에 견딜 수 있는 정도에 따라 크게 세 가지로 나누어 표시하였다.

상: 최저 기온이 15℃ 이상은 되어야 실내에서 겨울철을 견딜 수 있는 종류로, 추위에 매우 약한 아글라오네마, 알로카시아, 아펠란드라, 디펜바키아 등이 이에 속한다.

 중: 최저 기온이 10℃ 이상의 실내에서 겨울을 보낼 수 있는 대부분의 실내 관엽식물이 이에 속한다.

 하: 겨울철 실내 최저 기온이 0℃ 또는 그 이하의 추위에서도 견딜 수 있는 식물로, 주로 우리나라의 남부 해안가나 아열대 지방에서 자라는 식물이다. 금식나무, 백량금, 아이비, 엽란, 팔손이나무 등이 이에 속한다.

수분

물은 식물체의 몸을 구성하는 성분이고, 체내에서 물질을 만드는 데 사용되는 원료이다. 또한 물은 토양에 있는 양분을 흡수하여 이동시키는 운반 수단이다. 잎을 통해 수분이 배출될 때(증산), 뿌리까지 연결된 물기둥에 압력이 작용하여 뿌리에서 흡수된 양분이 이동하기 때문이다.

실내에서는 화분이라는 제한된 공간 속에서 기르는 사람이 준 물만을 가지고 식물이 살아가야 하기 때문에 적절히 공급하지 않을 경우, 토양에 심긴 식물과는 달리 수분의 부족이나 과잉에 민감하게 반응하게 된다. 따라서 화분에서 식물을 기르는 데 있어 물주기는 매우 중요하다.

일반적으로 키가 크고 잎이 얇고 넓은 식물은 잎에서 물이 많이 증발하기 때문에 물을 많이 필요로 하는 반면, 키가 작고 잎이 많지 않은 식물, 잎이 질기고 튼튼한 식물, 줄기에 물을 저장하는 다육식물이나 선인장류는 물이 적어도 비교적 잘 견딘다.

물을 좋아하는 뉴기니아봉선화는 건조한 봄철에 하루만 물을 주지 않아도 시들어버린다.

같은 식물이라 할지라도 밝고 따뜻한 곳에서는 어둡고 서늘한 곳보다 물을 자주 주어야 한다. 화분이 따로따로 있는 경우에는 여러 화분이 모여 있을 때보다 물을 많이 주어야 한다.

공기중의 습도도 식물의 생장에 중요한 역할을 한다. 일반적으로 열대나 아열대 원산의 잎이 넓은 관엽식물이나 고사리 종류, 난과식물은 습도가 높아야 잘 자라는 반면, 다육식물이나 선인장, 봄철에 작은 꽃이 일제히 화려하게 피는 온대 원산의 식물은 습도가 너무 높으면 잘 자라지 못한다.

이 책에서는 실내식물의 수분 요구도를 크게 세 가지로 나누어 표시하였다.

 상: 토양 내에 충분한 수분과 높은 습도가 요구되는 식물군이다.

 중: 이 식물들에게는 토양이 어느 정도 말랐을 때 물 주는 것이 좋다.

 하: 따뜻한 봄과 여름철 한창 자랄 때는 물빠짐이 좋은 토양이 충분히 마른 후에 물을 흠뻑 준다. 비교적 건조에 잘 견딘다.

✽ 실내식물의 물주기 요령

① 물의 온도는 실내 온도와 비슷한 것이 좋으므로, 하루 정도 물을 받아 두었다가 준다.
② 물을 줄 때는 가능하면 식물체의 잎이나 꽃에 닿지 않도록 토양에 주어 흙이 튀지 않도록 한다.
③ 일반적으로 하루 정도 토양의 표면이 마른 후에 화분 밑의 배수구에서 물이 나올 때까지 충분히 준다.
④ 화분 받침에 고인 물은 오래 두어 썩지 않도록 일정 간격으로 부어 없앤다.
⑤ 겨울철에는 실내라 하더라도 다른 계절에 비하여 춥고 낮길이도 짧으므로 많은 식물이 휴식에 들어간다. 따라서 뿌리의 활성도 떨어져서 같은 식물이라 하더라도 다른 계절에 주는 양으로 계속 주게 되면 물이 식물체에 흡수되지 못하고 계속 토양에 남게 된다. 그 결과 심하면 뿌리가 썩으므로 물을 반 이상으로 줄여서 준다.
⑥ 우리나라는 대부분 겨울철에 실내를 난방하므로 습도가 낮아져서 실내식물을 기르는 데 어려움이 있다. 하루에 한 번 정도 잎에 분무기로 물을 뿌려 주거나 화분을 모아 두어 습도를 유지하게 만든다.

토양

　토양은 식물체를 지지하고 식물이 필요로 하는 양분(무기양분)과 물의 공급처로서, 화분에서 식물을 기를 때는 각각에 알맞은 토양을 만들어 주어야 한다.

　식물이 잘 자라는 토양이란, 식물이 필요로 할 때 양분이나 수분을 제때에 적절한 양을 공급해 주고, 뿌리가 숨 쉴 수 있게 적당한 공기가 있는 토양을 말한다. 일반적으로 부피당 토양입자가 50%(유기물 입자 최대 10% 포함), 공기가 25%, 물이 있는 공간이 25%인 토양이 식물의 생장에 가장 좋다.

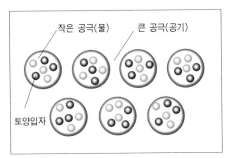

이상적인 토양의 입단구조(떼알구조)

　식물은 각종 대사작용과 잎의 증산에 의해 소모된 수분을 보충하기 위해 토양 중의 수분을 흡수한다. 따라서 식물체 뿌리 주변의 토양은 언제나 적당한 수분을 갖고 있어야 한다.

　물은 토양입자 사이의 공기를 함유한 틈보다 좀더 작은 틈에 보관되어 있다. 그 정도는 토양의 성분에 따라 달라 모래나 펄라이트, 질석과 같은 입자가 굵은 인공토양의 경우에는 물을 적게 가지고 있지만, 진흙이나 피트, 피스모스와 같은 입자가 작은 인공토양의 경우에는 물을 많이 오랫동안 가지고 있게 된다. 따라서 원예에서는 자신이 가꾸는 식물의 수분을 좋아하는 정도에 따라 여러 가지 토양을 섞어서 사용한다. 예를 들어 건조에 비교적 강하고 습한 것을 싫어하는 선인장류나 철쭉류의 경우에는 비교적 통기가 좋은 모래를 섞는 비율을 높여 배양토를 만들고, 수분을 매우 좋아하는 천남성과 관엽식물에서는 수분 보유력이 좋은 피트를 많이 섞어 만드는 것이 좋다.

　한편, 뿌리가 자라나고 양분을 흡수하기 위해서는 산소가 필요하다. 그 이유는 뿌리가 산소를 흡수해 숨을 쉬면서 체내에 있는 양분(탄수화물과 같은 유기양분)을 분해하고 에너지를 얻어 토양 내의 양분(무기양분)과 수분을 흡수하기 때문이다.

화분내에 뿌리가 가득 차서 통기성이 부족한 식물

토양이 물로 가득 차게 되면 산소가 있는 공기가 부족하여 뿌리가 숨을 쉬지 못해 심하면 썩어 버리게 된다. 따라서 토양 내에는 충분한 공기가 있어야 하는데 그 공기들은 어디에 있을까?

토양은 매우 작은 알갱이로 이루어져 있어 작기는 하지만 그 틈 사이로 많은 물과 공기를 가질 수 있는데, 그 정도는 토양 성분의 입자 크기에 따라 다르다. 모래는 그 틈이 매우 커서 물은 적게 함유하고 있는 반면, 공기는 많이 함유할 수 있고, 진흙은 그 반대이다.

수생식물이나 일부 습생식물을 제외한 많은 식물은 뿌리가 물에 잠긴 상태에서는 숨을 쉴 수 없다. 따라서 좋은 토양이란 적절한 수분만을 보유하고 쓸모없는 수분을 화분의 배수구로 배출해야 한다.

많은 식물은 '통기와 물빠짐이 좋고 보수성이 있는 토양'을 좋아하며, 모순되어 보이기는 하지만 원래 자생상태의 비옥한 토양은 이러한 조건을 갖추고 있다. 따라서 실내에서 식물을 가꿀 때에는 식물의 종류에 맞게 여러 배양토를 섞어서 사용하거나 원예용 토양을 구입하여 사용해야 한다.

한편, 주변에 있는 일반 밭흙은 병해충이나 개미 등이 서식할 뿐만 아니라 토양입자간 결속력이 강해서 식물을 오래 기르다 보면 딱딱하게 굳어버린다. 따라서 물을 주어도 토양 사이로 스며들지 못하고 토양과 화분 사이로 빠져버려 식물이 시들어 버리는 경우가 많으므로 실내식물의 화분에는 사용하지 않는 것이 좋다.

일반적으로 잎이 얇고 넓은 식물은 그렇지 않은 식물보다 물을 오랫동안 많이 가지고 있을 수 있는 입자가 작은 토양에 심어야 한다. 다육식물이나 선인장의 경우에는 입자가 굵어 물빠짐이 좋은 토양에 심는다. 화려한 꽃을 피우는 식물은 그렇지 않은 식물보다 양분이 풍분한 토양을 필요로 한다.

✻ 실내식물을 가꾸기에 적당한 토양

① 부엽토

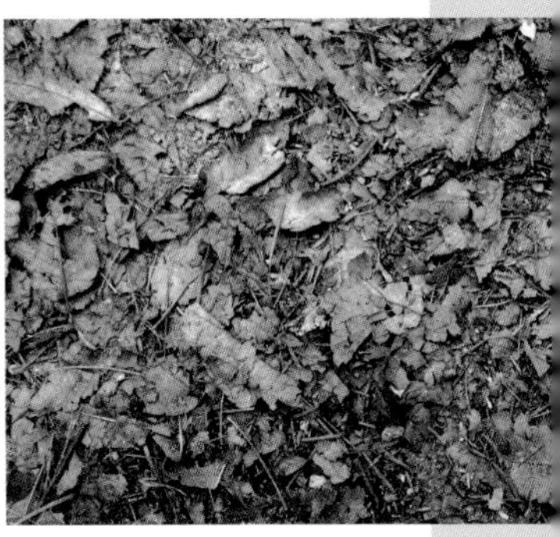

낙엽이 썩어 토양화한 것으로 다공질이고 보수력(保水力)이 크며 염기치환용량도 매우 높다.

미량요소가 많고 토양에 혼합하면 작은 공극을 많이 만들어서 배수를 양호하게 하는 등 배합토의 소재로서 매우 좋다. 부피당 무게가 가볍고 서로 결합하는 성질이 적으므로 다른 토양과 섞어 화분 가꾸기에 많이 이용한다. 가을에 낙엽을 모아서 쌓아 두면 다음 해 봄, 늦어도 가을까지는 부엽토가 된다.

② 모래

병원균이 없고 다른 토양에 비해 깨끗하므로 특히 꺾꽂이할 때 이용하면 좋지만, 물을 적게 가지고 있으므로 자주 물을 주어야 하는 단점이 있다.

③ 원예용토

식물을 가꾸기에 적당하도록 여러 배양토를 섞어서 만든 용토로, 실내에서 화분으로 식물을 가꿀 때 가장 적당하다. 그러나 비교적 고가이므로 시판하는 원예용토만으로 화분을 채우는 것은 현실적으로 불가능하므로 다른 토양과 적절하게 섞어 사용한다.

④ 인공 토양

실내에서 식물을 가꿀 때 인공 토양을 사용하면 위생적이고 관리가 편리하다. 종류로는 피트나 피트모스, 바크, 하이드로볼, 질석(버미큘라이트), 펄라이트, 수태 등이 있다.

이들은 대부분 가볍고 물이나 영양분을 보유하는 능력(보비력, 保肥力)이 매우 다양하며, 물이 잘 빠져 통기성이 좋다. 또한 고온에서 가공되어 병원균이 없다는 장점이 있으므로 식물에 따라 적정 비율로 혼합하여 사용한다.

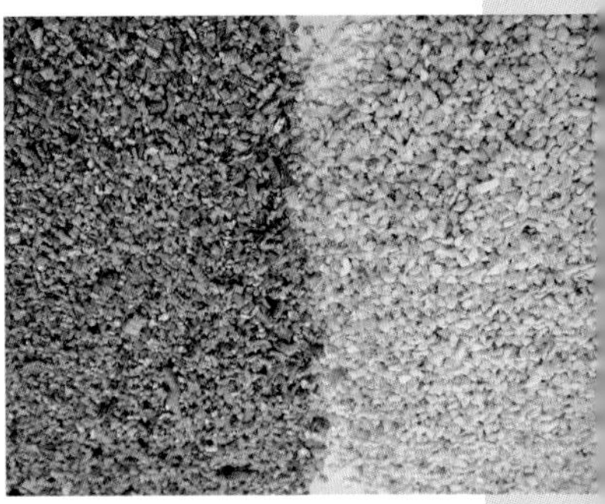
버미큘라이트(좌)와 펄라이트(우)

비료

주변에서 가꾸고 있는 많은 식물의 경우, 정상적인 생장을 위해서 정도의 차이는 있지만 비료(무기양분)가 필요하다. 그러나 무조건 비료를 많이 준다고 해서 식물이 잘 자라는 것은 아니다. 오히려 부적절한 비료로 인해 잎이 상하거나 꽃이 피지 않는 경우도 있으므로, 그 식물에 필요한 비료의 종류와 주는 방법, 시기 등을 잘 선정해야 한다.

같은 식물이라 할지라도 밝고 따뜻한 곳에 있는 식물에 비료를 더 많이 주어야 하고, 계절에 따라 비교적 춥고 낮길이가 짧은 겨울철에는 대부분의 식물 뿌리가 활동을 멈추므로 비료를 줄이거나 아예 주지 않아야 한다.

비료는 화학비료와 유기질비료 두 가지로 나눌 수 있다. 화학비료는 곧바로 효과가 나타나기 때문에 식물체가 비료를 필요로 할 때 토양표면에 뿌려 주는 덧거름 형태로 사용하거나, 물에 녹여서 분무기로 잎에 뿌려 주는 것이 좋다.

하이포넥스

화학비료 중에는 식물에 필요한 여러 양분 원소를 섞어 만든 복합비료인 하이포넥스(Hyponex), 북살(Wuxal), 비왕 등이 있다. 이들 복합비료에는 식물의 대표적인 3대 영양소인 질소, 인산, 칼륨을 중심으로 여러 미량요소들이 적절히 섞여 있으므로 어느 식물에나 사용할 수 있어 편리하다.

유기질비료란 식물체를 썩힌 식물성비료와 어패류나 동물의 분뇨를 썩힌 동물성비료를 말한다. 시판되고 있는 것은 완전히 썩어서 냄새가 전혀 없으므로 사용할 때 거부감이 없고, 최근에는 알갱이 형태로 판매되고 있어서 편리하게 이용할 수 있다.

유기질비료는 장기간 지속적인 효과를 나타내기 때문에 식물을 심기 전에 뿌리 아래의 흙에 섞어서 밑거름으로 주는 것이 효과적이다.

✽ 비료를 주는 방법

식물의 생육단계와 종류에 따라 비료의 종류나 사용량이 달라진다. 생육초기나 식물이 왕성하게 생장할 때는 질소질비료를 많이 필요로 하고, 뿌리 활동이 정지된 저온기에는 비료를 주지 않는 것이 바람직하다.

비료를 주는 방법으로는 식물의 생장기에 추가로 토양 위에 뿌리고 섞어 주는 덧거름 주기와 분갈이나 나무를 심을 때 식물의 뿌리 밑에 주는 밑거름 주기가 있다.

또한 저온 등으로 뿌리의 상태가 좋지 않거나 병·해충 피해를 입었을 경우, 응급처치의 방법으로 하이포넥스와 같은 시판 액체비료를 분무기로 잎과 줄기 부위에 뿌려 주는 엽면시비(葉面施肥) 방법이 있다.

분무기로 엽면시비하는 모습

원예용 비료는 대부분 고농도의 비료성분이 포함되어 있기 때문에 식물체에 직접 닿으면 피해를 가져올 수 있다. 특히 화학비료의 경우 더욱 심하다는 것을 명심해야 한다.

따라서 밑거름을 줄 때는 식물의 모종을 심기 전 화분에 흙을 약간 채운 후에 유기질 비료를 넣고, 그 위에 다시 흙을 살짝 덮은 후 모종을 심어야 한다. 덧거름을 줄 때에는 토양 표면에 비료를 뿌린 후 스푼이나 나무젓가락 등을 이용해서 흙과 섞어준다.

알갱이 형태의 유기질비료는 식물이 한창 자랄 때 토양 위에
뿌린 후 섞어 주어도 된다.

번식

식물을 기르면서 느낄 수 있는 즐거움에는 여러 가지가 있다. 가령, 식물이 자라면서 몸이 커지는 생장력이나 계절에 따라 꽃이 피고 지는 것, 병이나 해충, 상처 등과 같은 외부의 스트레스를 이겨내고 회복하는 재생력을 보고 느끼면서 우리는 생명의 신비함을 느낀다.

그러나 자연적으로, 또는 자신의 적절한 노력으로 새로운 개체가 생겨나는 번식 과정을 보면서 느끼는 즐거움이야말로 식물을 기르면서 느낄 수 있는 가장 큰 즐거움일 것이다. 아이비의 줄기를 꺾꽂이하여 새로운 화분을 만들거나 백량금의 붉은 종자를 따서 뿌린 후 싹이 터서 자라 꽃이 피고 열매를 맺는 것은 아무리 오랫동안 식물을 가꾸어온 노련한 사람이라 할지라도 경외감을 느끼게 된다.

식물의 번식에는 크게 씨앗뿌리기와 접붙이기, 꺾꽂이, 포기나누기, 휘묻이, 조직배양이 있는데 실내식물에서는 주로 꺾꽂이나 포기나누기가 이용된다.

✽ 꺾꽂이

잎이나 줄기, 뿌리 등 식물체의 일부를 잘라 배양토에 꽂은 뒤 절단면이나 꽂힌 마디에서 새로운 뿌리를 발생시키는 방법이다. 동물과는 달리 고등 식물의 세포는 전체형성능(全體形成能: totipotency), 즉 하나의 기관이나 조직 또는 세포로도 완전한 식물체로 발달할 수 있는 능력이 있어 가능한 번식방법이다.

뿌리를 좀더 잘 내리게 하는 식물호르몬인 옥신과 살균제가 혼합된 발근촉진제를 절단면에 묻힌 뒤 토양에 꽂으면 뿌리내림이 촉진된다. 다른 번식법과 같이 낮이 길 때 해야 한다.

꺾꽂이할 때 뿌리를 잘 내리게 하는 발근촉진제

① 환 경
꺾꽂이는 낮 기온 15℃ ~ 25℃, 밤 기온 15℃ ~ 20℃를 유지하는 것이 좋으므로, 낮의 길이가 길어지면서 따뜻한 늦봄 이후부터 9월까지 실시한다.

또한, 잘려진 식물체의 건조를 막기 위해 빛을 차단하여 반음지 상태를 유지하는 것이 좋다. 뿌리가 내릴 때까지는 잎에서 수분이 빠져나가 시드는 것을 막기 위해 약 80~90%의 높은 공중습도를 유지해야 한다. 실내에서 쉽게 할 수 있는 방법은 작은 화분에 심었을 때 젖은 신문지나 비닐, 투명한 PET 병을 잘라 식물체 위를 덮어 주는 것이다.

뿌리가 내린 뒤에는 양분을 만들기 위해 햇빛이 충분히 들도록 한다.

아이비를 작은 화분에 꺾꽂이 한 후 PET 병을 잘라 덮어 주면 잎이 마르는 것을 막아 뿌리내리는 것이 촉진된다.

꺾꽂이한 아이비가 잘 자란 모습

② 줄기꽂이

눈이나 잎이 2~3개 포함된 10cm 전후의 줄기를 잘라 적당한 온도와 습도조건을 제공하여 뿌리가 내리게 하는 것으로 가장 일반적인 꺾꽂이 방법이다.

한편, 선인장과 다육식물류는 모체로부터 떼어낸 후 바로 꽂으면 자른 부위가 썩을 우려가 있으므로 약 3~5일 정도 말린 후 꽂는 것이 좋다.

많은 실내식물은 주로 꺾꽂이를 통해 번식한다.

③ 잎꽂이

몇몇 식물은 잎과 잎자루만을 잘라 배양토에 꽂아도 뿌리가 나고 절단면 주변에서 새로운 눈이 생겨 줄기와 잎이 발생하게 된다.

관엽베고니아나 아프리칸바이올렛, 페페로미아, 산세비에리아 등과 같은 일부 식물에서 이용하는 번식방법으로, 다른 식물에서는

보통 뿌리는 나지만 새로운 눈이 생기지 않거나 무척 오래 걸리므로 권장되지 않는다.

산세비에리아(좌)와 아프리칸바이올렛(우)의 잎을 잎꽂이하여 새로운 눈이 나오는 모습

✻ 포기나누기

산세비에리아는 뿌리에서 나오는 새로운 잎(왼쪽)을 뿌리와 함께 잘라 번식할 수 있다.

뿌리에서 눈이 나와 원줄기 근처에 생긴 곁가지와 곁눈을 뿌리와 함께 잘라 나누어 번식하는 방법이다. 이때 유의할 점은 뿌리를 자를 때 눈만 분리되지 않도록 조심해서 나누고 이후 일주일 정도 음지에 두어 새로운 뿌리가 나오기 전까지 시드는 것을 방지한다.

한편, 접란이나 보스톤고사리와 같이 기는 줄기에 새로운 식물체가 생기는 경우에는 뿌리도 함께 있으므로 이것을 모체로부터 떼내어 심으면 된다.

그 밖에 공중떼기(공중취목)가 있는데, 이것은 나무의 일부 가지에 뿌리를 낸 후 떼내어 새로운 개체를 만드는 방법이다. 우선 나무 껍질을 칼로 도려낸 다음, 그 부위를 축축한 물이끼로 두툼하게 감싼 후 습도를 유지하기 위해 비닐로 싸매고 이끼가 마르지 않도록 하면 두세 달 후 뿌리가 내리게 된다. 고무나무류나 크로톤, 드라세나 등의 식물에서 주로 사용한다.

엉성한 모양의 인도고무나무를 공중떼기를 통해서 아담한 모양으로 만들 수 있다.

병·해충과 생리적 장해

식물은 저마다 요구하는 생육 환경이 다르므로 실내에서 식물을 가꿀 때 그 환경 조건을 완벽하게 맞추어 주는 것은 쉽지 않다. 따라서 모든 식물은 어느 정도 적절치 못한 환경에 의한 스트레스를 받고 자라는데, 이를 견딜 수 없게 되면 결국 병·해충에 대한 저항력이 떨어져 병이 발생하게 되는 것이다.

병·해충은 발생하지 않도록 미리 막는 것이 가장 좋은 방법이다. 따라서 식물을 자주 관찰하면서 스트레스에 따른 식물의 반응을 빨리 파악하여 환경을 쾌적하게 만들어 주어야 한다. 또한 잎과 가지를 관찰하면서 조기에 병·해충의 증상을 확인하는 것도 필요하다. 병이 발생했을 경우에는 병을 진단하여 정확한 원인을 알아내고 적절한 치료를 하면 감염이나 더 큰 피해를 줄일 수 있다.

원예식물이 인위적으로 조성된 햇빛이나 온도, 수분, 토양과 같은 환경조건 속에서 자랄 때 어느 정도의 부적절한 조건에서는 적응하면서 견뎌내지만, 정도나 기간이 견딜 수 없는 정도까지 이르게 되면 피해가 나타난다.

이때 그 피해 증상이 병·해충에 의한 것인지 아닌지를 조기에 관찰해서 구별하는 것이 매우 중요하다. 시기를 놓치게 되면 여러 원인들이 복합적으로 피해 증상을 일으키는 단계가 되기 때문이다.

✽ 생리적 장해(비생물적 원인에 의한 피해)

직사광선을 받거나 지나치게 빛이 부족한 환경에서 실내식물을 가꿀 경우, 잎이 타거나 꽃색이 퇴색하고 식물체가 약하게 웃자라는 생장 장해가 나타난다.

온도조건도 중요하다. 극단적인 고온에서는 식물의 호흡량이 많아져 체내에 모아두었던 영양분을 빨리 소모하게 되고, 또한 식물체 내의 수분도 밖으로 빠져나와 결국 죽게 된다. 실내식물이 원하는 온도보다 낮으면, 처음에는 생장을 멈추다가 점차 잎을 뜨거운 물에 살짝 데친 듯한 반점이 생기고 검게 되면서 퍼져나가 일정기간 지속되면 죽게 된다.

겨울에 차가운 물을 주어 얼룩진 아프리칸바이올렛의 잎

물을 줄 때의 수온도 중요하여 특히 겨울철 아프리칸바이올렛에 차가운 물을 주게 되면 잎에 얼룩이 생겨 미관상 아름답지 못하게 된다. 이러한 부적절한 빛이나 온도, 수분 환경 조건에 의한 식물의 피해를 비생물적 피해라고 한다.

이를 예방하기 위해서는 무엇보다도 식물을 자주 관찰하면서 잎이 타거나 줄기가 지나치게 길어지는 등의 식물 반응을 조기에 확인하여 적절한 환경조건으로 개선해 주는 노력이 필요하다.

① 병 해

실내에서 식물을 기른다 할지라도 외부의 습도에 따라 실내의 공기습도가 달라지므로 주로 건조한 봄철에는 진딧물이나 응애와 같은 충해가 발생하기 쉽고 습한 여름철에는 곰팡이병이나 세균병이 발생하기 쉽다.

▶ 그을음병: 잎이 그을린 것처럼 검은 가루가 묻어 있다. 보통 잎보기식물에 많이 나타나며, 식물에 있는 해충의 분비물에 곰팡이가 발생한다.

▶ 탄저병: 통풍이 불량하거나 고온 다습한 환경에서 잎에 검은색 또는 갈색 반점이 발생한다.

▶ 잿빛곰팡이병: 통풍이 불량하거나 저온 다습한 환경에서 꽃, 잎, 어린 줄기, 과실 등에 회색빛 곰팡이가 발생한다.

▶ 흰가루병: 잎 표면에 밀가루를 뿌린 것처럼 흰색곰팡이가 발생하다가 심하면 잎이 누렇게 되면서 떨어진다.

② 충 해

모든 식물의 병에서처럼 해충을 가능한 빨리 발견해서 그 피해가 식물체 전체로 퍼져나가는 것을 막아야 한다. 큰 벌레는 쉽게 찾아낼 수 있으므로 손이나 나무젓가락 등으로 제거하고, 대량 발생했을 때나 크기가 작은 벌레의 경우에는 일일이 잡는 것이 어렵기 때문에 살충제를 살포한다.

대부분의 해충은 다소 건조할 때 많이 발생하는데, 식물에 해를 주는 해충으로는 진딧물, 깍지벌레(개각충), 응애, 민달팽이 등이 있다. 보통 수프라사이드나 메타시스톡스 500~1000배액을 살포하여 방제한다.

▶ 진딧물: 느리게 움직이는 곤충으로, 몸의 크기는 1~2mm 정도이고 성충은 날개가 있어 다른 식물로 이동이 가능하다. 보통 연한 조직을 좋아하여 새싹이나 꽃봉오리 잎 뒤의 즙액을 빨아, 쭈글쭈글하거나 말리게 하여 식물을 기형으로 만든다.

또한 진딧물은 꿀물과 같은 끈끈한 액체를 배설하는데, 이곳에서 곰팡이가 자라거나 개미를 유인 하는 등 또 다른 병을 유발할 수 있다.

진딧물은 고온 건조한 환경에서 잘 생기므로 식물체를 더운 장소에 두거나 화분을 너무 건조하게 만들지 않으면 어느 정도 예방할 수 있다.

▶ 깍지벌레: 식물체의 잎이나 줄기에 붙어 즙액을 빨아먹는 해충이다. 보통 모양은 동그란 깍지처럼 생겼으며, 크기는 2~3mm 정도로 갈색 또는 우윳빛을 띠고 있다. 깍지벌레의 종류 중에는 작은 솜덩이처럼 생겨 벌레가 아닌 것으로 착각하기 쉬운 종류도 있다.

적을 경우에는 일일이 손으로 잡아서 방제할 수 있으나, 발생 정도가 심하면 살충제를 이용한다. 방제 후에도 죽은 깍지벌레는 잎에 그대로 붙어 있으므로 휴지 등으로 떼어낸다.

▶ 응애: 꽃봉오리나 잎의 뒷면에 붙어서 즙액을 빨아먹는 해충으로, 엽록소가 파괴되므로 잎에 흰 무늬가 생기고 녹슨 것처럼 황갈색으로 변한다.

▶ 온실가루이 성충: 주로 잎의 뒷면에 붙어 즙액을 빨아먹는 백색의 작은 나방으로, white fly 라고도 한다. 배설물로 인해 그을음병이 나타나기도 한다. 번식력이 매우 강해 완전히 구제하기는 어렵다.

▶ 민달팽이: 부드러운 어린 식물이나 꽃잎을 갉아 피해를 준다. 보통 낮에는 화분 밑이나 토양 속에 있다가 주로 밤에 활동하는데, 지나간 자리에 점액질이 묻어 있는 특징이 있다. 밤에 시판하는 먹이용 약제나 고구마, 오이 등으로 유인하여 잡는다.

주로 밤에만 활동하는 민달팽이　　　민달팽이가 지나간 흔적

분갈이

화분에 심은 식물이 자라면 뿌리의 부피가 커져서 뻗어나갈 토양이 부족해지고, 토양 내의 양분도 충분하지 못하므로 좀더 큰 화분에 옮겨 토양을 보충해 줄 필요가 있다.

오랫동안 화분에 담겨 있는 토양은 단단해져서 뿌리의 생장에 필요한 양분이나 수분, 공기의 공급이 원활하지 못할 뿐만 아니라, 수돗물에 있는 무기염이 축적되어 식물체에 손상을 줄 수 있으므로 새로운 흙으로 갈아주는 것이 좋다.

일반적으로 1년에 한 번 봄에 꽃이 없는 식물을 분갈이 하는 것이 원칙이다. 그외에는 화분에 뿌리가 가득 차서 바닥으로 뿌리가 나오거나 아랫 잎이 변색된 경우, 토양 표면으로 뿌리가 심하게 나왔을 때, 토양 표면에 이끼, 잡초가 끼어 뿌리의 호흡을 방해할 때 분갈이를 해 주는 것이 좋다.

분갈이가 필요한 화분

✽ 분갈이 방법

① 기존의 화분보다 지름이 3cm 정도 큰 화분과 배양토를 준비한다.

② 화분 가장자리를 가볍게 두드려 흙과 화분 사이를 벌려 준다.

③ 화분의 흙을 뺀 후 뿌리에 붙은 흙을 털어내고 뿌리를 1/3 정도 제거하면서 묵은 뿌리를 정리한다.

④ 큰 화분에 새 흙을 넣고 원래 심겨 있는 위치까지만 흙을 채운다.

⑤ 분갈이하면서 필요에 따라 포기나누기나 비료주기, 잡초 제거, 가지치기도 동시에 실시하면 효과적이다.

⑥ 이후 분갈이에 의해 상한 뿌리털이 재생하도록 며칠동안 음지의 다습한 곳에 두었다가 원래 두었던 환경으로 옮겨 기른다.

식물로 실내 꾸미기

　실내에서 식물을 기를 때 반드시 하나의 화분에 한 가지 식물만을 심을 필요는 없다. 드라세나와 고무나무 같이 크게 자라는 나무의 경우에는, 밑에 잎이 거의 없어 토양이 노출되어 보기 싫은 경우도 있는데, 이때에는 아디안툼이나 필레아와 같이 작은 식물을 같이 심어 가꿀 수 있을 것이다.

　또한 유리나 플라스틱 등과 같은 용기에 여러 식물을 모아 심고, 다양한 장식물을 이용하여 꾸미면 기르는 즐거움을 더할 수 있다.

✳ 물가꾸기

　뿌리가 물속에서 잘 썩지 않는 식물이나 화려한 꽃이 피는 알뿌리화초를 물이 담긴 투명한 유리 용기에서 가꾸는 방법이다. 꽃이나 잎과 함께 뻗어 내리는 흰 뿌리와 색구슬 등의 뿌리 지지물로 장식하면 실내에서 손쉽게 식물의 아름다움을 즐길 수 있다.

　물가꾸기에 알맞은 식물로는 물을 좋아하는 아이비나 테이블야자 및 싱고니움, 스킨답서스와 같은 많은 천남성과 식물 등이 있다.

① 만드는 방법

　구리 철사나 자갈, 색 구슬 등 뿌리를 지지할 수 있는 매질을 유리 용기에 넣어 장식하고 물을 채운 다음, 식물이나 알뿌리를 용기 안으로 넣는다.

　단순하면서 세련된 느낌을 주기 위해서는 같은 용기에 같은 식물을 반복해 심어 연결감을 준다. 용기가 큰 경우에는 여러 개의 식물을 함께 모아 심어 탐스럽게 가꿀 수 있다.

② 관 리

　주 1회 물을 갈아 주고, 한 달에 한 번 정도 묽게 희석한 액체비료를 섞어 공급한다. 더운 여름철에는 간혹 물이 썩을 염려가 있으므로 맥반석이나 숯 등을 넣기도 한다.

✷ 공중걸이(hanging basket)

잎 모양과 색이 특이하거나 줄기가 아래로 퍼지면서 화분을 감싸는 덩굴성 식물을 공중에 걸어 입체적으로 감상하는 방법으로, 실내의 좁은 공간을 효율적으로 이용하여 장식할 수 있다.

공중걸이는 일반 화분과 달리 공중에 매달려 있으므로 개성있는 용기를 사용하여 멋지게 공간을 연출할 수 있다. 보통 고리와 받침 접시가 있는 대바구니, 철바구니, 조롱박 등을 사용한다.

① 알맞은 식물

① 꽃이 아름다운 식물: 임파치엔스, 제라늄, 피튜니아
② 덩굴성 식물: 스킨답서스, 아이비, 트라데스칸티아, 제브리나

② 만드는 방법

① 배수구가 없는 용기는 배수층을 만들기 위해 바닥에 자갈, 돌조각, 스티로폼, 숯 등을 깔은 후 배양토를 넣고 식물을 심는다.
② 배수구가 있는 용기는 일반 화분식물과 같은 방법으로 식물을 심으며, 흙이나 물이 넘치는 것을 막기 위해 화분의 턱을 3cm 정도 빈 공간으로 남겨 놓는다.
③ 대바구니나 그물 용기는 물이 흘러내리지 않도록 안쪽 전면에 비닐을 깔고, 그 위를 물이끼로 덮은 다음 배양토를 넣고 식물을 심는다. 이와 같은 용기는 건조가 빠르므로 이끼를 많이 넣어 수분을 유지시켜 주는 것이 좋다.

③ 관 리

공중에 매달려 있는 식물은 주변 온도보다 높고 바람이 부는 조건에 있으므로 뿌리보다도 잎이 먼저 말라 건조해지기 쉽다. 따라서 일정 간격으로 화분을 내려서 물을 충분히 주고, 분무기로도 물을 자주 뿌려주는 것이 좋다. 비료는 액체비료를 물에 타서 분무기로 준다.

✸ 테라리엄(terrarium)

수분이 순환되고 빛이 투과되는 밀폐 또는
반밀폐된 유리 용기 내에 여러 가지 식물을
심고 작은 정원을 연출하면서 실내를 꾸미는
방법이다. 테라리엄 안의 식물에는 자주 물을
주지 않아도 된다. 그 이유는 식물의 잎을 통해
증산된 수분이 용기 벽면에 물방울로 맺혀 있다가
다시 토양으로 내려와 뿌리로 흡수됨으로써 적정 습도가 유지되기 때문이다.

테라리엄에 적합한 식물은 용기 내에 들어갈 수 있도록 키가 작고, 생장속도
가 느려 관리를 자주 하지 않아도 되며, 용기 내의 습도가 높으므로 습기에 잘 견
디고, 빛이 적어도 잘 자랄 수 있는 식물이 좋다. 일반적으로 필레아나 아디안
툼, 접란, 피토니아, 아이비, 싱고니움 등이 많이 이용되고 있다.

1 만드는 방법

① 용기 바닥에 자갈이나 스티로폼 조각 등을 깔아 배수층을 만든다.

② 물빠짐이 좋고 외관상 아름다운 배양토를 선택하여 용기에 넣고, 작은 정
   원의 구도를 잡아가며 식물을 심는데, 가장 크고 중심이 되는 식물을 먼저
   심고, 키가 작은 식물들을 조화롭게 심는다.

③ 배양토의 표면을 물이끼나 작은 돌로 덮어 미관상 아름답게 하고, 바위를
   연상시키는 돌 등을 넣어 실제 정원과 같은 분위기로 꾸민다.

④ 작은 정원이 완성되면 물을 준다. 물은 용기 벽을 타고 흘러내리게 하여 벽
   면의 불순물도 함께 제거한다.

⑤ 물주기가 끝난 뒤에는 용기를 깨끗이 닦은 후, 뚜껑을 덮고 식물이 뿌리내
   리도록 며칠 동안 그늘에 둔다.

2 관 리

물을 줄 때는 배수층에 오랫동안 고여 있지 않도록 주의해야 한다. 용기의 크
기와 형태, 식물의 종류에 따라 물의 양과 물을 주는 횟수가 달라진다.

완전히 밀폐된 유리 용기는 표면에 습기가 차면 과습한 상태이므로 물기를 약
간 닦고, 표면이 말랐을 때는 소량의 물을 공급한다. 곰팡이가 발생하면 뚜껑을
열어 감염이 심해지는 것을 막아 준다. 부분적으로 밀폐된 경우에는 2주일에 한
번 정도 흙을 살짝 적실 정도로 물을 주고, 분무기로 식물의 잎과 용기에 자주 분
무한다.

✳ 접시정원(dish garden)

　편평하고 넓적한 접시 모양의 화분에 여러 가지 식물을 함께 심어 축소된 정원의 경관을 만들어서 실내를 꾸미는 방법이다. 용기의 재료는 유리나 도자기, 플라스틱 등 어떤 것이나 상관으나, 깊이는 식물의 뿌리가 충분히 들어가고 식물의 모습이 모두 보일 수 있는 7cm 이상이 적합하다.

　식물 재료는 꽃보기식물이나 관엽식물, 다육식물 등 어떤 것이든 가능하지만 가능하면 생육환경이 유사한 식물끼리 모아 심는 것이 관리에 편하다. 한편 경관을 연출하는 데 필요한 돌이나 자갈, 상징물을 사용하는 것도 좋다.

1 알맞은 식물

① 큰 나무 모양의 식물: 테이블야자, 드라세나, 자금우, 백량금
② 작은 나무 모양의 식물: 은사철나무, 백정화
③ 관엽식물: 아디안툼, 아스파라거스, 베고니아류, 칼라테아류, 시서스, 코르딜리네, 피토니아, 마란타, 페페로미아, 필레아류
④ 땅을 덮는 식물: 이끼, 수태, 베이비스티어

2 만드는 방법

　용기에 배수구가 없는 경우는 토양이 과습해지는 것을 막기 위해 낮게 배수층을 만든 후 배양토를 넣고 식물을 심는다. 배수구가 있는 경우는 화분가꾸기와 같이 바로 배양토를 넣고 식물을 적당히 배치한다. 만드는 과정은 테라리엄과 유사하다.

3 관 리

　접시정원은 테라리엄에 비해 식물이 건조한 실내공기에 많이 노출된 상태이므로 마르기 쉽다. 따라서 수분을 자주 공급해 주어야 하는데 토양보다는 분무기를 이용하여 잎에 주는 것이 효과적이다. 비료는 한 달에 한 번 정도 액체비료를 희석해서 준다.

용어 설명

✳ 거치, 톱니, 결각(serration)

잎이나 꽃받침, 꽃잎 등의 가장자리에 들쭉날쭉한 톱니 모양의 부분으로, 식물에 따라 특징적인 모양을 가지고 있는 경우가 많다. 식물의 형태를 표현하거나 식물의 이름을 확인하는 데 많이 이용된다.

✳ 기근(aerial root)

지상부의 줄기로부터 나오는 공기 중에 노출된 뿌리를 말한다.

싱고니움의 기근

✳ 다육식물(succulents)

건조한 지역에서 살아남기 위해서 수분을 가능한 적게 증산하고 최대한 유지할 수 있도록 진화된 식물을 말한다. 보통 잎이 없거나 매우 작고, 줄기는 비대해져서 많은 물을 보유할 수 있으므로 비교적 건조에 잘 견딘다.

다육식물 칼랑코에

✳ 덩이줄기(괴경, tuber)

줄기 또는 지하경이 덩이모양으로 비대해진 것이다. 시클라멘이나 구근베고니아와 같은 종류는 윗부분에만 눈이 있고 배축에 해당하는 부분이 해마다 비대를 계속한다. 감자나 아네모네와 같은 종류는 비대부의 각 부분에 곁눈이 있고 알뿌리가 나누어진다.

전자의 경우에는 알뿌리가 나누어지지 않기 때문에 종자나 꺾꽂이에 의해서 번식하고, 후자의 경우에는 새롭게 형성된 알뿌리를 나누어서 증식된다.

시클라멘의 덩이줄기

침엽수의 바늘잎(좌)과 비늘잎(우)

❋ **바늘잎(침엽)**

침엽수의 가지가 유년상일 때 달리는 가시처럼 날카로운 잎으로, 비늘잎(인엽)은 가지가 성년상일 때 달리는 부드러운 잎을 말한다.

우상복엽(좌)과 장상복엽(우)

❋ **복엽**(compound leaf)

2개 이상의 소엽으로 구성된 하나의 잎으로, 깃털과 같이 소엽이 나열되어 있는 우상복엽(pinnately compound leaf)과 손가락 모양으로 둥글게 나열되어 있는 장상복엽(palmately compound leaf)으로 나눈다. 소엽은 복엽이라는 하나의 잎을 구성하는 잎자루에 붙어 있는 단독의 잎을 말한다.

❋ **뿌리줄기(근경**, rhizome)

칸나의 뿌리줄기

지하의 알뿌리가 덩이모양이 아니라 전체적으로 비대한 것으로, 지하에서 옆으로 기어가는 줄기를 말한다.

칸나, 생강 등 비후한 다육질의 것도 있고 은방울꽃과 같이 지하경은 별로 비대하지 않고 가늘고 긴 것도 있으며, 난과식물과 같이 가는 것들이 덩어리로 지하에서 자라는 경우도 있다.

❋ **성년상(성엽**, adult leaf)

종자가 발아하여 일정 기간 경과한 후, 꽃이 피는 단계에 이른 상태를 말한다.

❋ 순지르기(적심, pinching)

화분으로 기르는 식물을 아담한 모양으로 가꾸기
위해 꽃눈을 따주거나 가장 윗부분을 잘라주는 것이
다. 이렇게 줄기 끝의 생장점을 제거함으로서 곁가지
를 많이 나오게 하여 꽃 피는 시기나 꽃 수를 조절하
고, 꽃봉오리를 잘라내어 꽃 크기를 조절하는 데 이
용하기도 한다.

❋ 염류축적(salt accumulation)

화분에서 식물을 기를 때, 물 속에 있는 무기염이 식물체내로 완전히 흡수되
지 않고 장기간 축적되어 뿌리에 손상을 줄 정도의 높은 농도가 된 것으로, 정기
적으로 분갈이를 해 주어야 한다.

❋ 엽상체(frond)

일반적인 고등식물의 잎과 유사한 납작하게 생긴 기관으로, 주로 고사리류나
야자류 일부 식물의 잎을 지칭할 때 사용한다.

❋ 유년상(유엽, juvenile leaf)

종자에서 발아한 후 일정 기간 동안 꽃이 피지 않고 영양생장만을 계속하는
상태로서, 식물에 따라서는 성년상의 잎과 전혀 다른 아름다운 잎을 가지고 있
어 실내식물로 이용하고 있다. 유엽의 잎을 이용하는 아이비가
대표적이다.

불염포

❋ 육수화서(spadix)

천남성과 식물 고유의 독특한 화서 형태로, 불염포
(spathe)라고 하는 특별한 포엽에 둘러싸인 작은 다육
질의 꽃들이 곧게 선 축에 길게 달려 있다.

육수화서

❋ 자른 가지, 자른 잎(절지, 절엽; florists green)

녹색의 푸르름이나 특이한 모양, 아름다운 열매를 가진 식물의 가지나 잎을
잘라 물에 꽂아 장식하는 소재를 말한다. 꽃꽂이에서 이용하기에 적당하다.

✻ 작은나무(관목, shrub)

뿌리에서 동일한 굵기의 여러 줄기가 나와 수형을 형성하는 나무를 말한다.

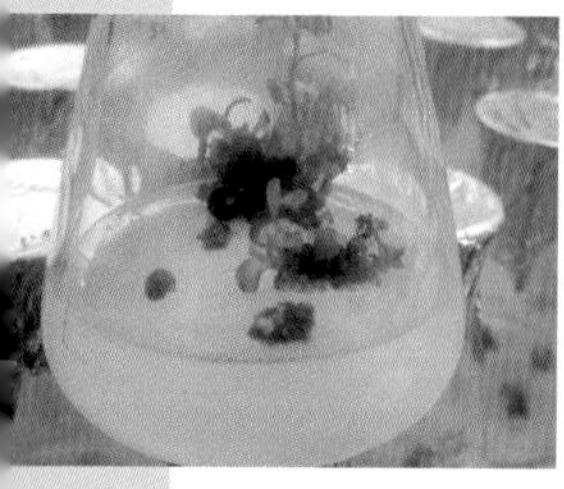

✻ 조직배양(tissue culture)

식물체의 세포나 조직, 기관 등 일부를 잘라 무균상태의 적절한 양분 배지에서 기르는 방법으로, 원예에서는 많은 관엽식물이나 난과식물의 대량번식에 이용하고 있다.

✻ 착생식물(epiphyte)

자생지의 나무등걸이나 바위 등에 붙어, 공기 중 또는 고인 부분에 있는 물이나 양분을 흡수하며 자라는 식물로, 이끼류나 많은 파인애플과 식물, 난과식물이 이에 속한다.

✻ 큰나무(교목, tree)

보통 굵은 원줄기가 올라오고, 일정한 높이에서 여러 곁가지가 나와 수형을 만드는 나무이다.

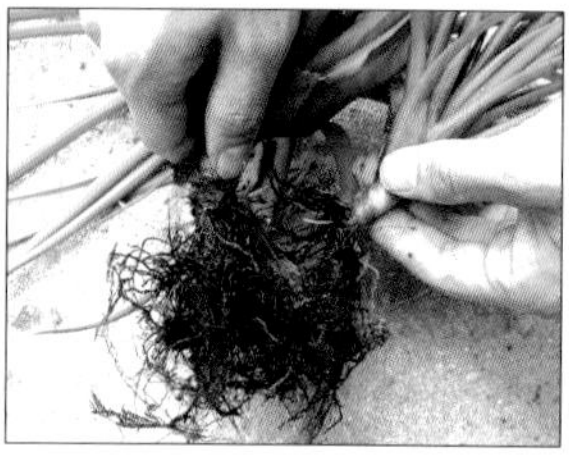

✻ 포기나누기(분주, division)

뿌리에서 새로운 포기가 잘 올라오는 식물을 주로 이용하는 번식 방법으로, 눈을 포함한 뿌리를 원뿌리에서 잘라 새로운 개체를 만드는 것을 말한다.

✻ 포엽(bract)

꽃이나 화서에 붙어 있는 변형된 잎의 일종으로, 아름다운 무늬나 색이 있는 포인세티아나 파인애플과 식물을 원예에서 이용하는 경우가 많다.

✻ 화서(꽃차례, inflorescence)

꽃자루에 작은 꽃들이 배열된 상태로서, 식물의 종류에 따라 정해져 있는 경우가 많으므로 형태를 서술하거나 이름을 확인하는 데 이용된다.

식물 이름 찾아보기

식물 학명 찾아보기

서정남   고려대학교 대학원(농학박사)
         일본학술진흥회 외국인특별연구원
         국립종자원 재배시험과

최지용   고려대학교 대학원(농학석사)
         제주대학교 대학원(농학박사)
         일본 큐슈대학 PostDoc.
         고려대, 단국대, 순천향대 강사
         현 삼성에버랜드 환경개발사업부 담당과장

허무룡   고려대학교 대학원(농학박사)
         경상대학교 식물자원환경학부 원예학전공 교수

박천호   고려대학교 대학원(농학박사)
         고려대학교 생명산업과학부 교수

꽃이 숨쉬는 책 시리즈 ❶

실내식물

2003년 3월 15일 초판   발행
2010년 2월 10일 3판 1쇄 발행

지은이 : 서정남 · 최지용 · 허무룡 · 박천호
만든이 : 정진해
펴낸곳 : 부민문화사

140- 827   서울시 용산구 서계동 33-33(부민 B/D)
           전화 : 714-0521~3   FAX : 715-0521
           등록 1955년 1월 12일 제 201-00022호
           http://www.bumin33.co.kr
           E-mail: bumin1@bumin33.co.kr

정가 10,000원

                    공급 한국출판협동조합

ISBN 978 - 89 - 385 - 0121 - 9 93520